5

能源生态与高质量发展丛书

基于竞争失效模型的产品
可靠性研究

王　莹　闫在在　斯　琴　郭勇飞　著

中国商务出版社

·北京·

图书在版编目（CIP）数据

基于竞争失效模型的产品可靠性研究 / 王莹等著.
北京 ：中国商务出版社，2024. 12. --（能源生态与高
质量发展丛书）. -- ISBN 978-7-5103-5556-1

Ⅰ. TB472

中国国家版本馆CIP数据核字第2025W5G532号

基于竞争失效模型的产品可靠性研究
JIYU JINGZHENG SHIXIAO MOXING DE CHANPIN KEKAOXING YANJIU
王　莹　闫在在　斯　琴　郭勇飞　著

出版发行：中国商务出版社有限公司
地　　址：北京市东城区安定门外大街东后巷 28 号　邮编：100710
网　　址：http://www.cctpress.com
联系电话：010-64515150（发行部）　010-64212247（总编室）
　　　　　010-64243016（事业部）　010-64248236（印制部）
策划编辑：刘文捷
责任编辑：刘　豪
排　　版：德州华朔广告有限公司
印　　刷：北京建宏印刷有限公司
开　　本：787 毫米×1092 毫米　1/16
印　　张：8.5　　　　　　　　　　字　　数：152 千字
版　　次：2024 年 12 月第 1 版　　印　　次：2024 年 12 月第 1 次印刷
书　　号：ISBN 978-7-5103-5556-1
定　　价：68.00 元

丛书编委会

主　编　王春枝
副主编　刘　佳　米国芳　刘　勇
编　委　王志刚　王春枝　刘　佳　刘　勇　米国芳　陈志芳
　　　　赵晓阳　郭亚帆　海小辉

序 Preface

在全球经济格局深刻变革、科技革命加速演进的今天，人类社会正站在一个新的历史节点上。一方面，传统经济模式面临着资源短缺、环境污染、生态退化等诸多挑战；另一方面，以绿色、低碳、可持续为核心的高质量发展理念，正成为推动全球经济转型的重要驱动力。在这样的时代背景下，能源、生态、金融统计等相关领域的研究，不仅是学术研究的前沿方向，更是实现经济高质量发展的关键所在。

能源是经济发展的基石，生态是人类生存的家园。在过去的几十年中，全球能源需求的快速增长与生态环境的恶化，已经对人类社会的可持续发展构成了严重威胁。随着全球气候变化加剧、生物多样性丧失以及资源短缺问题的日益突出，传统的发展模式已经难以为继。在此背景下，如何在保障能源供应的同时，实现生态系统的平衡与修复，成为全球关注的焦点。

近年来，中国在能源转型与生态保护方面取得了显著成就。一方面，中国积极推动能源结构调整，大力发展可再生能源，逐步降低对传统化石能源的依赖；另一方面，通过一系列生态保护政策的实施，生态系统退化的趋势得到了初步遏制。然而，面对全球性的挑战，中国的能源与生态转型仍面临诸多难题。例如，能源市场的波动性、新能源技术的成熟度、生态补偿机制的完善性等，都需要进一步的理论研究与实践探索。

在这样的背景下，"能源生态与高质量发展"系列丛书，旨在为学术界、政策制定者和从业者提供一个交流平台。通过深入探讨能源转型的路径、生态系统的价值评估，以及两者与经济高质量发展的内在关系，希望能够为实现绿色、低碳、可持续的经济发展模式提供理论支持与实践指导。

金融是现代经济的核心，而统计方法则是金融决策的基石。在当今复杂多变的经济环境中，金融市场的波动性、风险的不确定性以及数据的海量性，都对金融决策提出了更高的要求。金融统计方法，作为一门结合数学、统计学和金融学的应用科学，为解决这些问题提供了强大的工具。

随着大数据、人工智能和机器学习等新兴技术的快速发展，金融统计方法的应用范围不断扩大。从金融市场预测、风险评估到投资组合优化，从宏观经济政策分析到微观企业决策支持，金融统计方法都发挥着不可或缺的作用。

"金融统计方法与应用"系列丛书，通过系统介绍金融统计方法的理论基础、模型构建以及应用案例，希望能够为相关研究者提供一个全面、系统的视角，并通过本书找到适合自己的工具和方法，从而更好地应对金融领域的复杂问题。

本套丛书在编写过程中参考与引用了大量国内外同行专家的研究成果，在此深表谢意。丛书的出版得到内蒙古财经大学的资助和中国商务出版社的鼎力支持，在此一并感谢。受作者自身学识与视野所限，书中观点与方法难免存在不足，敬请广大读者批评指正。

丛书编委会

2024 年 12 月 20 日

前言 / Preface

　　随着科学技术的发展，高可靠、长寿命产品越来越多，因此评定产品的可靠性以及预测产品剩余寿命成为一个技术难题。在产品使用环境下进行截尾试验也无法满足实际需求，因此学者们提出另一种可以有效缩短试验时间的寿命试验方法——加速寿命试验，为高可靠、长寿命产品的可靠性研究提供了一个可行的技术途径。对于绝大多数产品而言，由于其内部结构及外部工作环境的复杂性，引起产品失效的原因往往不是单一的，即竞争失效模型是可靠性研究中的一个常用模型。因此，基于竞争失效理论的加速寿命模型的可靠性建模以及剩余寿命的预测具有很重要的理论意义和工程实践意义。

　　本书主要进行基于竞争失效理论的加速寿命模型的可靠性建模、模型参数的统计分析以及应用研究，着重解决模型参数的精准估计问题及模型实用性问题，研究工作如下：

　　（1）在逐步Ⅱ型截尾方案下，研究了恒定应力加速竞争失效模型的统计分析和可靠性估计，其中假定产品的失效只由一种失效机理引起，并且失效机理之间是相互独立的。书中通过经典统计方法——MLEs对模型参数进行点估计，渐进置信区间估计以及Bootstrap置信区间估计，并推算出常应力下寿命模型参数，进而预测产品剩余寿命。通过模拟结果证明了提出的模型与估计方法在理论上的有效性。最后以电动机的绝缘系统的数据为实例，利用提出的加速模型完成了可靠性估计和剩余寿命预测，证明该模型在工程实践上的实用性。

　　（2）在Copula理论下，研究了恒定应力加速相依竞争失效模型的统计分析和可靠性估计，其中失效机理的相依关系通过Clayton Copula函数来进行描述。书中通过经典统计方法——MLEs对模型参数进行点估计，渐进置信区间估计以及Bootstrap置信区间估计，并推算出常应力下寿命模型参数，进而预测产品剩余寿命。通过模拟结果的分析，发现随着失效机理之间相关系数的增大，加速模型的参数估计更加接近于真值。同时通过绘制不同相关系数下模型的累积分布函数与实际的累积分布函数，证实了Copula理论在研究竞争失效机理的相关性上发挥着重要作用，证明该研究具有理论上的有效性。最后以电动机的绝缘系统的数据为实例，利用提出的相依竞争失效模型完成了可靠性估计和剩余寿命预测，证明该模型在工程实践上的实用性。

（3）在逐步Ⅱ型截尾方案下，研究了简单步进应力加速竞争失效模型的统计分析和可靠性估计，其中假定产品的失效只由一种失效机理引起，并且失效机理之间是相互独立的。书中分别通过经典统计方法——MLEs和贝叶斯统计方法对模型参数进行点估计，渐进置信区间估计，Bootstrap-p置信区间估计，Bootstrap-t置信区间估计以及HPD置信区间估计。在使用贝叶斯方法进行模型参数统计分析中，考虑到先验分布中含有超参数，则使用H-Bayes和E-Bayes方法对模型参数进行统计分析，在不同的损伤函数下对参数进行点估计和HPD置信区间估计。通过模拟结果证实了贝叶斯统计方法在模型的统计分析中由于结合了先验信息，改进了经典统计方法的缺陷，从而提高了模型参数的估计精度。最后通过一个应用算例，证明了提出的模型与估计方法在理论上的有效性及工程实践上的实用性。

（4）在Copula理论下，研究了简单步进应力加速相依竞争失效模型的统计分析和可靠性估计，其中失效机理的相依关系通过Clayton Copula函数来进行描述。书中分别通过经典统计方法——MLEs和贝叶斯方法对模型参数进行点估计，渐进置信区间估计，Bootstrap置信区间估计以及HPD置信区间估计，并推算出常应力下寿命模型参数，进而预测产品剩余寿命。通过模拟结果证实了：①Copula理论在研究竞争失效机理的相关性上发挥着重要作用。②贝叶斯统计方法在模型的统计分析中由于结合了先验信息，从而提高了模型参数的估计精度。最后以太阳能照明设备寿命试验数据为实例，利用提出的模型完成了可靠性估计和剩余寿命预测，证明该模型不仅具有很重要的理论意义，同时还具有工程实践上的实用性。

本书为内蒙古自治区教育厅一流学科科研专项一般项目（YLXKZX-NCD-003）、内蒙古自治区经济数据分析与挖掘重点实验室研究一般项目（SY24011）、内蒙古自治区"五大任务"研究专项课题（NCXWD2421）、内蒙古自治区直属高校基本科研业务费项目（NCYWT23028）的研究成果，具有一定理论价值，同时也具有较强的工程实用价值，丰富了可靠性统计分析理论体系。

由于作者学识、水平有限，书中难免有错误及疏漏，恳请国内外相关领域专家学者以及读者批评指正。同时，感谢中国商务出版社编辑为本书出版付出的辛勤努力。

作者

2024 年 11 月

目录
Contents

1 绪 论

1.1　研究背景和研究意义

质量的概念是动态的，其内涵随着科技的进步以及人们生活方式和观念的改变而不断扩展。世界质量大会把21世纪称为质量世纪，其中可靠性是从提高军工产品的质量中提出的。20世纪50年代前后，设备可靠性不高，致使美国军用电子设备面临困顿的局面，每年花费高于设备购置费一倍的维修费用，并且导致航天飞机多次发生故障，直接影响到导弹装置部队。为了解决军用电子设备和复杂导弹系统的可靠性问题，美国军方联合工业部门和学术界共同成立"电子设备可靠性咨询组"（Advisory Group on Reliability of Electronic Equipment，AGREE），并于1957年发表《军用电子设备可靠性》的研究报告。该报告首次从9个方面比较完整地阐述了可靠性的理论与研究方向，被公认为可靠性工程的奠基性文件，标志着可靠性已经成为一门独立的学科，是可靠性工程发展的重要里程碑。我国的可靠性工程起始于20世纪50年代末，1976年颁布了第一个国内可靠性标准SJ1044–76《可靠性名词术语》，1979年颁布了第一个国家标准GB1772–79《电子元器件失效率试验方法》，自此我国的可靠性工程迅速发展起来，在电子、航空航天、机械等尖端技术领域均取得显著成就，电子产品的质量与可靠性已经成为普遍关注的焦点。同时随着智能化、自动化和综合化的发展，可靠性的研究对象不断扩大，从小的零件到大的设备或系统，从电子产品扩大到机械等非电子产品，从军用设备扩大到民用产品，在产品质量得到迅速提高的同时，可靠性的理论和实践得以丰富和完善。

产品的可靠性主要从可靠度和可靠寿命两个角度去衡量。可靠度（Reliability）是对产品在规定的条件下及规定的时间内维持规定功能的能力，是产品无故障工作能力的度量。在可靠性研究中，人们主要关心的是产品的使用寿命，但是产品寿命是随机的，因此无法直接用寿命作为指标来度量产品的可靠性。为了定量描述产品的可靠性，从不同角度定义了不同的产品可靠性指标[1-4]。

（1）假设产品的最大功能持续时间为$T(T \geq 0)$，则产品在时刻$t(t \geq 0)$的可靠度函数$R(t)$是指产品最大功能持续时间超过时刻t的概率，即

$$R(t) = P\{T > t\} \qquad (1-1)$$

寿命（Life）是对产品在规定条件下，满足规定可靠度要求的持续时间描述。

假设 $r(r \in [0,1])$ 为规定的可靠度，则相应的可靠寿命 t_r 则为

$$t_r = R^{-1}(r) \qquad (1-2)$$

其中 $R^{-1}(\cdot)$ 为逆函数。由于 $R(t)$ 是单调函数，因此 t_r 常常是唯一的。例如当 $r=0.5$ 时的可靠寿命 $t_{0.5}$ 称为中位寿命。

（2）失效率函数是指已工作到时刻 t 的产品在时刻 t 后单位时间内发生失效的概率，即

$$\lambda(t) = \lim_{\Delta t \to 0} \frac{R(t < T < t + \Delta t | T > t)}{\Delta t} = \frac{f(t)}{R(t)} \qquad (1-3)$$

其中 $f(t)$ 是密度函数，$R(t)$ 是可靠度函数。在评价产品可靠性时，特别是在评价电子元器件的可靠性时，失效率是重要的可靠性指标，失效率越低，可靠性越高。

寿命评估（Life Evaluation，LE）是通过合理试验及实验数据分析量化产品寿命指标的过程。由寿命定义可知，寿命评估的核心内容就是获得可靠度函数 $R(t)$，然后再根据定义计算出可靠寿命。在寿命评估中获得寿命数据的最主要的两种试验方法为寿命试验和加速寿命试验。

寿命试验（Life Testing，LT）是指在设备使用现场或者通过实验室对使用现场进行模拟，对装备加载真实的环境应力和载荷，获得产品失效或性能退化数据，通过对这些数据进行统计分析来量化寿命指标的一种技术途径。寿命试验的理论和方法相对比较成熟，而且评估结果相对真实可信。寿命试验的类型很多，按照不同的划分类型各不相同。如果按照试验场所划分，可分为使用现场试验和模拟实验室试验。

（1）使用现场试验：是指产品在实际使用状态下进行的寿命试验。这种试验最能反映产品的实际可靠性水平，但是由于试验所需时间长，并且受使用现场环境变化的影响对产品失效规律的探索会产生不可忽视的干扰，所以使用现场试验只有在不得已的情况下才采用。

（2）模拟实验室试验：是指在实验室内模拟产品实际使用条件所进行的寿命试验。这种试验对产品所施加的环境条件和大小是一致并且受人工控制。所以试验管理简单，成本低、有重复性，便于产品之间的比较。但是由于大多数产品的使用环境比较复杂，因此不能在实验室将现场使用环境全部模拟，如温度、电压、湿度等应力。

如果按照样品的失效情况又可以分为完全寿命试验和截尾寿命试验。

（1）完全寿命试验：试验要求样本全部失效时才能结束试验。通过试验可以获

得完整的试验数据，统计推断较为准确可靠。但是需要的时间很长，因此一般情况下完全寿命试验很难实施。

（2）截尾寿命试验：试验要求进行到样本部分失效就停止试验。由于截尾寿命试验所需的试验时间较短，能及时对产品的可靠性进行评价，现在很多产品都采用截尾寿命试验。常用的截尾寿命试验有定时截尾寿命试验（又称为Ⅰ型截尾寿命试验）和定数截尾寿命试验（又称为Ⅱ型截尾寿命试验）。但在实际试验中由于试验产品的成本非常昂贵，例如航空或者设备的某个部件，为了节约成本，在试验过程中从未失效的产品中拿出部分移出试验即逐次截尾，这样既可以节约成本又可以观测到产品性能。逐次截尾（Progressive censoring，PC）寿命试验是由Herd[5]于20世纪50年代提出的，并随着可靠性研究的发展，这类试验数据的统计分析日益受到可靠性研究者的重视。

但是寿命试验存在试验周期长、费用高等缺点，所以对产品使用的实际参考意义不强。尤其随着科学技术的发展，高可靠、长寿命产品越来越多，为了评定产品的可靠性，在使用环境为正常应力水平下进行截尾试验也无法满足实际需求。因此人们又提出另一种可以有效缩短试验时间的寿命试验方法，即加速寿命试验。加速寿命试验（Accelerated Life Testing，ALT）是进行合理工程及统计假设基础上，利用与物理失效规律相关的统计模型对在超出正常应力水平的加速环境下获得的可靠性信息进行转换，得到试件在额定应力水平下可靠性特征的可复现的数值估计的一种试验方法。也就是说，在不改变产品失效机理的前提下对产品加载高于正常使用条件的应力等级，加快产品失效或性能退化过程即为加速寿命试验。再通过对实验数据进行统计分析，预测产品正常使用寿命，即通过高应力水平下寿命特征去外推正常应力下的寿命特征。因此加速寿命试验对寿命评估具有预测能力，同时又能大大缩短寿命试验的时间，提高试验效率，降低试验成本。1967年Levenbach发表的《电容器的加速寿命试验》论文被认为是关于加速寿命试验的第一篇论文。同年，美国罗姆航中心（Rome Air Development Center，RADC）提出了加速寿命试验定义[6]。自此加速寿命试验方法受到统计学家和工程技术人员的重视，并在加速试验模型的研究、统计推断等方面取得大量成果。由于加速寿命试验能很好地解决高可靠性、长寿命产品的寿命评估问题，因此加速寿命试验目前已经成为可靠性工程领域的研究热点并广泛应用于实际问题解决中。

我国加速寿命试验统计分析的研究始于20世纪60年代，之后在军工和国防工程中获得广泛的应用。1981年我国颁发了四个关于恒定应力加速寿命试验的实施办法和参数估计方法的国家标准[7-10]。随着社会进步和经济发展，高可靠、长寿命产品不断推陈出新，可靠性问题面临了新的挑战。如果对产品的寿命试验持续进行到全部参加试验的样品失效才终止，也就是完全寿命试验，那么完成该试验所花费的时间和费用就是不可接受的。为了平衡试验时间和费用等，采取不同的截尾试验方案获取样本数据就不可避免。近年来，设计截尾试验方案，选择产品寿命分布，各种截尾样本下加速寿命试验的统计推断是可靠性领域研究的一个热点。

1.2 国内外研究现状

加速寿命试验（ALT）统计分析的方法一般是用试验数据拟合一个加速寿命试验模型，并对加速应力水平下的产品寿命信息进行整理并估计出加速模型中的参数，再利用该模型外推出正常应力水平下产品的性能和可靠性指标。加速寿命试验主要有三种类型：恒定应力（Constant-Stress，CS）加速寿命试验、步进应力（Step-Stress，SS）加速寿命试验和序进应力（Progressive-Stress，PS）加速寿命试验。由于恒定应力加速寿命试验相对简单，因此首先发展起来的是恒定应力加速寿命试验的统计分析。恒定应力加速寿命试验的理论基础为线性回归理论，目前关于恒定应力加速寿命试验研究主要围绕如何提高统计分析精度问题，在国内外学者不懈努力下有了较为成熟的理论并且得到广泛的应用。

现对国内外关于恒定应力加速寿命试验领域的一些主要成果进行综述。Nelson[11]等对于服从正态分布和对数正态分布的产品的加速寿命试验在定时截尾试验方案下进行参数估计和试验的优化设计。此外 Nelson[12]共同编写了关于加速寿命试验的数据分析方法和试验方案设计专著，研究了恒定应力加速寿命试验的模型以及图分析、最小二乘、极大似然估计（Maximum Likelihood Estimation，MLE）等统计分析方法。Bugaighis[13]提出了最佳线性无偏估计（Best Linear Unbiased Estimation，BLUE），并将 BLUE 和 MLE 进行对比，得出后者估计性更好的结论。1998年，Meeker 和 Escobar[14]共同编写了关于各种可靠性统计模型及数据分析方法的专著。2005年，Nelson[15,16]给出了关于加速寿命试验的总结以及相应的参考文献目录。张志华、茆诗松、孙利民等[17-19]在对恒定应力加速寿命模型中参数估计中提出简单线性无偏估计和非参数估计等统计方法。Xu 等[20]提出在无信息先验下关于威布尔分布的恒应力加速寿命试验模型参数的贝叶斯估计。Wang[21-23]对于当产品的寿命服从威布尔分布和指数分布在渐进Ⅱ型截尾下简单恒定应力加速寿命的参数推导。还有其他学者也做出了研究，例如：龙兵等[24]，毕然等[25]，管强等[26]。

在传统加速寿命试验统计分析中通常假设产品仅有一种失效模式，但对于绝大多数产品而言，由于其内部结构及外部工作环境的复杂性，引起产品失效原因往往不是单一的。如果假设任何一种原因都会导致产品的完全失效，则称该产品为竞争失效产品(Competitive Failure Products，CFP)，其中导致产品失效的原因称为失效机理(Competitive Failure Mechanism，CFM)。竞争失效模型是可靠统计中的一种常用模型，主要用于描述各种失效模式与产品最终失效之间的关系。竞争失效模型研究始于20世纪50年代，文献[27,28]给出模型的理论的综述。Wang，Yang，Pareek等[29-31]分别对指数分布和威布尔分布下的竞争失效模型进行研究和统计分析。竞争失效产品的加速寿命试验最早是由Nelson[32,33]提出的，并通过建立竞争失效模型，给出对数正态分布下的图估计和极大似然估计。张志华[34]提出了竞争失效产品加速寿命试验的非参数统计方法。师义民等[35]提出了基于竞争失效产品部分加速寿命模型，Pareek等[36]威布尔分布下建立竞争失效模型，Wu等[37]基于恒定应力加速寿命试验，构建竞争失效模型。EI-Raheem等[38]，Nassar等[39]，Han等[40,41]，Zheng等[42]，Kohansal[43]，Zhang等[44]，Ismail[45]，Wu和Huang[46]分别在一般截尾或渐进截尾的方案下研究了竞争失效产品恒定应力加速寿命试验参数估计。

步进应力加速寿命试验最早适用于机械耐久性试验中的阶跃载荷法，并由贝尔实验室于1961年正式提出这个概念。由于步进应力加速寿命试验具有比恒定应力加速寿命试验效率更高的优点，也成为学者们研究的重点。步进试验中要解决的最主要的问题是建模的方法，目前解决这一问题的主要方法是根据步进试验的应力加载方式并基于恒定应力试验模型建立其对应的步进应力试验模型，是模型中含有恒定应力试验全部的参数，并能拟合步进应力试验的数据，估出模型参数后再外推出常应力下寿命分布和可靠性特征量。1980年，Nelson[47]针对步进应力加速寿命试验不同应力下时间折算问题，提出著名的累积损伤模型（Cumulative Exposure Model，CEM），即产品的残存寿命仅依赖于已累积的失效概率和当前的应力水平，而与积累方式无关。累积损伤模型的提出使得步进应力加速寿命试验的统计分析取得重大突破，进而涌现出一大批关于步进应力加速寿命试验的优秀文献。例如：Bhattachargga等[48]研究了损伤失效率模型下的步进应力加速寿命试验模型参数估计。Tang等[49]，Khamis等[50]分别提出了一种新的步进应力加速寿命试验模型和参数估计方法。Xiong等[51,52]，Vilijandas等[53]在不同截尾方案下估计步进应力加速寿命试验模型中参数。费鹤良[54]对指数分布下的步进应力加速寿命试验中区间估计进行研究。Nelson[55]对步进应力加速寿命试验进行了残差分析，Wang[56]在累积损伤模型下的步进应力加速寿命试验进行研究。Balakrishnan 等[57-59]对于当寿命分布满足指数分布时的不同截尾试验数据下的步进应力加速寿命试验模型进行参数估计。为了提高模型参数估计的准确度，学者们在截尾方案和参数估计方法上做了很多研究，例如：Sun 等[60]，Zhang 等[61]，Liu 等[62]，Wang 等[63]，Kohl 等[64]，Ramzan 等[65]，Zheng[66]，Liu 等[67]。随着竞争失效模型的提出，学者们将竞争失效模型应用于步进应力加速寿命试验中。例如：武东等[68]讨论了 CE 模型下定时和定数截尾两种情形威布尔分布步进应力加速寿命试验的贝叶斯估计。郑明亮[69]建立含不确实性模型参数的威布尔分布下步进应力加速寿命试验方案的最优化设计。李凌等[70]在定数截尾场合下，建立威布尔寿命型产品的步进应力加速寿命试验模型。谭源源等[71]通过考虑产品初始失效和环境差异的影响，建立更为准确的寿命模型。张详坡等[72]根据三参数威布尔分布的特点，给出在竞争失效加速寿命试验统计分析基本模型的统计分析。Balakrishnan 等[73]建立了基于指数分布型寿命产品的简单步进应力加速寿命试验，并对模型进行了统计分析。Beltrami[74,75]提出了一个具有滞后期的两个竞争失效模型的步进应力加速寿命模型。Liu 和 Shi[76]基于比例风险模型，建立基于威布尔分布的简单步进应力竞争失效模型。Srivastava 等[77]，Xu 等[78]，Zhang 等[79,80]，Ganguly 等[81]，Han 等[82-84]，Varhgese 等[85]，Liu 等[86]，Abu-Zinadah 等[87]，Aljohani 等[88]分别也对基于竞争失效模型的步进应力加速寿命试验进行了研究，并取得一定成果。

序进应力加速寿命试验的统计学原理与步进加速寿命试验的原理类似，只是在建模时要取步进试验的极限形式。并且为了试验的可行性，在选取应力变化方式时多以线性增加方式实施，也称为斜坡试验（Ramp test）。由于试验实施的复杂性，目前关于步进应力加速寿命试验的研究还很少。Allen[89]第一个提出了序进应力加速寿命试验，并给出序进应力下寿命服从指数分布的加速寿命试验的统计模型及参数估计。Yin 等[90]在序进试验中研究模型参数的极大似然估计，得出试验数据不一定可以求出模型参数的估计。Abdel 等[91]建立了当混合寿命分布下的序进寿命加速试验模型参数的估计。Wang 和 Fei[92]将 TFR 模型与序进应力相结合，研究了当寿命分布服从威布尔分布时序进应力加速寿命试验模型并给出模型参数的最大似然估计。Zhang 和 Fei[93]研究了当寿命分布服从威布尔分布时多组序进加速寿命试验模型并用蒙特卡罗算法进行模拟给出模型参数估计。Zhu 和 Elsayed[94]将累积损伤模型与序进应力相结合，研究了当寿命分布服从指数分布时序进加速寿命试验模型，并得出比恒加试验和步进试验参数估计精确度更高的结论。Ismail[95]研究了当寿命分布服从威布尔分布时序进部分加速寿命试验并给出模型参数的置信区间。EI-Din 等[96]研究了序进寿命试验模型参数的极大似然估计和贝叶斯估计并进行比较。Mahto 等[97]研究了当寿命分布服从 Logistic 指数分布时序进加速寿命试验模型给出模型参数的估计。Wang 等[98]在基于两参数的 Laplace 疲劳寿命分布下，推导了逆幂律模型下的序进加速寿命模型下密度函数、失效率函数的图像特征并给出模型参数点估计。

对于竞争失效模型的研究主要分为失效机理独立和失效机理相关两种情况。上述文献中涉及的加速试验是在失效机理独立的前提下进行的，但是在考虑到复杂产品的不同失效机理之间具有一定的相关性，即利用相关性理论建立加速寿命试验模型。相关性分析是多变量随机分析中的一个重要课题。传统意义上的相关性，即线性相关系数是比较容易获得的，但已经不能满足实际应用的需求。理论上，多变量尤其是多维随机变量之间的相关性关系是非常复杂的。传统的相关性研究主要集中在对随机变量之间相关程度的分析上，而忽略了对相关模式的研究。例如：格兰杰（Granger）因果关系分析法是相关分析的常用方法，经常应用于金融和保险等领域中的资产定价、投资组合等相关性分析问题中。但是格兰杰因果关系分析法只能对变量间的因果关系进行定性描述，而不能给予定量刻画。Pearson 相关系数只能反映变量之间的线性相关程度，而无法描述非线性关系。除此以外，传统的相关性研究对于解决构造高维随机变量联合分布也是不能够满足要求。高维随机变量联合分布的构造在理论推导和计算中是比较烦琐的，尤其当随机变量的个数比较多的时候，其联合分布函数是很难准确给出的。Copula 函数的提出及其理论的完善，为变量间相关结构的研究提供了一个新的路径。Copula 是"连接"的意思，是一个拉丁单词，其概念最早在 1959 年由 Sklar 在回答 M. Frechet 关于多维分布函数和低维边缘之间关系问题时引入的，其功能是把多维随机变量的联合分布函数与它们各自边缘分布函数相连。与传统的线性相关系数不能正确度量变量之间非线性相关关系相比，Sklar 提出的 Sklar 理论克服其不足，并能够有效地刻画变量之间的相依关系，为变量之间的相关分析提供了方便。对于竞争失效模型相关性的研究，得到国内外许多学者的关注，涉及 Tsiatis[99]，Elandt-Johnson 等[100]，Escarela[101]，Zheng 等[102]。Nelsen[103]编写了关于 Copula 函数的专著，详细介绍了该函数的性质，构造方法及应用。学者们通过引入 Copula 函数作为连接函数来研究竞争失效模型，并广泛应用于其他领域[104-108]。Copula 之所以能受到国内外统计学者的青睐主要原因如下：一是 Copula 函数边缘分布比较灵活，同一个 Copula 函数其边缘分布函数可以是不同类型的分布，因此可以构造不同类型的多元分布。Copula 函数作为各边缘分布之间的连接函数，其形式不受边缘分布的限制。二是 Copula 函数在变量单调增变换下形式不变，因此由 Copula 函数给出的相关性测度值如 Kendall 的 τ、Spearman 的 ρ 等在变量单调增变换下都不会发生变化，这也为 Copula 函数处理变量之间的非线性关系问题提供了方便。三是 Copula 作为边缘分布函数的连接函数，其形式不受边缘的限制。Copula 函数可以和边缘分布分开来研究，可以根据实际情况来选择合适的分布，并且变量间的相关关系能被 Copula 函数完整的刻画出来。四是 Copula 函数形式具有多样性。从结构上来说，既可以是对称的，也可以是非对称的，还可以是对称和非对称组成的混合 Copula 函数形式。从相依性上讲，既可以是上尾相依，也可以是下尾相依，还可以是上尾相依和下尾相依组成的混合 Copula 函数形式。

国内外学者将 Copula 函数应用于恒定应力加速寿命试验中，Wu 等[109,110]讨论了在恒定应力下寿命服从威布尔分布和 Gompertz 分布的相依竞争失效模型，并研究了不同的相依结构对模型参数估计的影响，得到比失效机理独立下更为精确的参数估计和区间估计。徐安察等[111]使用 Copula 函数作为连接函数讨论了加速寿命试验中的竞争失效模型，通过模拟将试验结果与失效机理独立时结果相比较。Zhang 等[112]研究了在竞争失效机理相依的加速寿命试验，并提出一种简单的基于工程的多维关联构建方法并对模型中的参数给出极大似然估计。王燕等[113]和 Zhang 等[114]分别讨论了恒定应力加速寿命试验下寿命服从指数分布的相依竞争失效模型。Bai，Zhang 等[115,116]在 Copula 函数下讨论的不同截尾方案下的相依竞争失效加速寿命模型。Bai 等[117]研究了竞争失效机理相依性符合 Marshall-Olkin 双变量指数分布模型下的恒定应力加速寿命模型，并给出相应模型的参数的点估计和区间估计。Liu 等[118]和 Zhou 等[119]讨论了存在相依的竞争失效模型下的序进应力加速寿命试验模型，利用 Copula 函数构造了寿命之间的相依结构并得到模型参数的极大似然点估计。Bai 等[120]研究了在渐进截尾方案下的步进应力加速寿命试验，并且在竞争失效机理相依的情况下给出模型参数的最大似然估计。同时也考虑了参数的 Bayesian 估计、E-Bayesian 估计等。Cai 等[121]讨论了基于 KH 模型的步进加速寿命试验，竞争失效机理是相依的情况下并且寿命服从威布尔分布的模型参数的 Bayesian 估计。Ghaly 等[122]讨论了在竞争失效机理相依的步进应力加速寿命试验，并给出极大似然估计和 Bootstrap 下的区间估计。同时伴随着计算机技术的发展以及 MCMC 方法的应用，贝叶斯方法在统计分析中起着越来越重要的作用，相较于传统的方法，贝叶斯方法把参数看作随机变量，有效地利用参数的先验信息，考虑了参数的不确定性，在小子样的推论中显现出不可比拟的优势。因此在贝叶斯理论框架下，建立基于Copula理论的加速模型，进行更为精确的产品的可靠性估计是很有意义的，并已成为国内外统计研究的新热点。

综上所述，竞争失效模型在加速寿命试验中的研究虽然取得了一定进展，但是在模型参数推断的精确性以及模型中失效机理相依性还存在很大的研究空间。因此对应的可靠性建模和统计分析技术也会丰富可靠性统计分析理论体系，即对可靠性工程的发展具有重大的理论价值和工程实践意义，这也是本书研究的主要目的和意义。

1.3　本书的主要内容及结构安排

本书主要研究基于竞争失效模型的产品可靠性评估问题，本书的主要研究思路可以概括为理论基础—统计分析—模拟仿真—实例验证。本书主要从模型的理论价值和估计精度两个主题进行研究，并充分考虑工程应用的要求。

本书共分为7章，各章节的具体内容如下：

第1章为绪论。阐述了本书的研究背景和研究意义，对国内外的研究现状进行了综述，给出了本书的研究思路，介绍了本书的主要内容和结构安排。

第2章为基础理论知识。首先介绍了加速寿命试验的基本理论知识，其中包含加速寿命试验中的基本概念，试验中需要用到的累积损伤模型和竞争失效模型等。其次介绍了Copula原理，其中包括Copula函数的基本定义和Sklar定理，并给出常见的Copula分类及相关性度量。最后介绍了参数估计的两个常用方法——经典的统计方法和Bayes方法。

第3章为逐步Ⅱ型截尾下的恒定应力加速竞争失效模型的产品可靠性研究。首先，基于试验失效数据，利用经典统计方法——MLEs对模型参数进行点估计、渐进置信区间估计和Bootstrap置信区间估计。其次，通过MCMC算法来模拟上述模型未知参数估计以及置信区间的估计，并给出试验数值分析。最后，用电动机的绝缘系统的数据为实例，进行竞争失效模型的试验，通过对试验数据进行统计分析，完成了可靠性估计和寿命预测。

第4章为Copula理论下的恒定应力加速相依竞争失效模型的产品可靠性研究，即将竞争失效机理的相依性推广到恒定应力加速寿命试验中。首先，基于Copula函数建立恒定应力加速相依竞争失效模型，利用经典统计方法——MLEs对模型参数进行点估计、渐进置信区间估计和Bootstrap 置信区间估计。其次，通过MCMC算法来模拟上述模型参数估计以及置信区间的估计，并给出试验数值分析。最后，用电动机的绝缘系统的数据为实例，基于Copula理论进行相依竞争失效模型的估计，通过对实际数据进行统计分析，完成了可靠性估计和寿命预测。

第5章为逐步Ⅱ型截尾下的简单步进应力加速竞争失效模型的产品可靠性研究。首先，基于试验失效数据，利用经典统计方法——MLEs对模型参数进行点估计、渐进置信区间估计和Bootstrap 置信区间估计。其次，利用Bayes 方法、E-Bayes 方法和H-Bayes 方法在不同的损伤函数下对模型参数进行点估计和HPD置信区间估计。最后，利用AEs、MSEs、ALs和CPs统计量对所用的估计方法进行比较和选择。

第6章为Copula理论下的简单步进应力加速相依竞争失效模型的产品可靠性研究，即将竞争失效机理的相依性推广到简单步进应力加速寿命试验中。首先，基于Copula函数建立简单步进应力加速相依竞争失效模型，利用经典统计方法——MLEs对模型参数进行点估计、渐进置信区间估计和Bootstrap 置信区间估计。其次，利用Bayes方法在平方误差损伤函数下对模型参数进行点估计和HPD置信区间估计。然后，通过MCMC算法来模拟上述模型参数估计以及置信区间的估计，并给出试验结果数值分析。最后，用太阳能照明设备寿命试验数据为实例，基于Copula理论进行相依竞争失效模型的估计，通过对实际数据进行统计分析，完成了可靠性估计和寿命预测。

第7章做了本书的主要研究内容的结论，并对下一步研究工作进行了展望。

2 基础理论知识

2.1　加速寿命试验

在加速寿命试验中，产品失效包括三要素：应力、失效机理和失效模式。其中应力是引起产品发生失效的外因，通过外因引起产品内部发生物理、化学和机械等变化从而导致产品失效。

失效机理是指应力对产品发生物理、化学和机械等作用，直至引起失效的动态或静态过程。失效机理可大致分为过应力型机理、损伤累积型机理、口令型机理。过应力型机理是指如果应力不高于产品所能承受的强度时，该失效机理不会对产品造成损伤，当应力超过产品所能承受的强度时，产品就会失效。例如：电子元器件的过压力失效，机械应力造成的轴屈服等。损伤累积型机理是指不论是否导致产品失效，应力都会对产品造成一定的损伤，并且损伤是逐渐积累。这种损伤累积导致产品性能逐渐劣化，或内部材料、结构等抗应力的某种强度逐渐降低，当产品性能或某种抗应力强度劣化到某种程度时产品失效。例如：腐蚀、磨损、疲劳、绝缘崩溃等。口令型机理是指在产品中潜伏很长时间，只有当产品以某一种特定工作方式或缺陷被激发时才会发生。例如：软件中的"bug"。

失效模式是由失效机理的结果而产生的失效状态及现象。失效模式主要包括突发型失效模式和退化型失效模式。突发型失效模式是指产品只具有两种状态，即具有某种功能和不具有某种功能。例如：元器件击穿、电路短路等。退化型失效模式是指性能随着时间的延长而逐渐劣化直至失效。例如：密封件老化、弹簧应力松弛无法满足规定动作等。

在加速寿命试验中，不同应力作用于产品产生不同失效机理，从而产生不同失效模式进而导致产品失效。因此在不改变失效机理的前提下，通过提高产品敏感的应力水平，加快产品失效从而可以在较短时间内获得高应力水平下的产品失效或性能退化数据，然后利用数据进行模型分析，从而预测正常应力水平下产品的寿命指标。

2.1.1　加速寿命试验分类

加速寿命试验中的应力是广义应力的概念，它是指能影响产品寿命的所有条件，例如热应力（如温度）、机械应力（如压力、振动、摩擦等）、电应力（如电压、电流、功率等）、湿应力（如湿度）和化学环境（如浓度、盐度等）等。按照试验加载的应力类型划分，加速寿命试验可以划分为恒定应力（Constant-Stress，CS）加速寿命试验（简称恒加试验）、步进应力（Step-Stress，SS）加速寿命试验（简称步加试验）和序进应力（Progressive-Stress，PS）加速寿命试验（简称序加试验）。

2.1.1.1 恒定应力加速寿命试验（CSALT）

恒加试验是最早被提出的加速寿命试验方法，其基本原理是提高试验的应力水平从而缩短试验时间来降低试验成本。恒加试验也是现阶段最成熟的加速寿命试验方法。恒加试验是假设 S 是加速应力，可以是一维的，也可以是多维的。试验中先选定一组加速应力，如 S_1，S_2，$\cdots$，S_n，且都高于正常应力水平 S_0，并假设 $S_0 < S_1 < \cdots < S_n$。然后将一定数量的试验样本分成 n 组，分别置于每一个加速应力水平下进行寿命试验，直至每组试验都有一定的样本失效为止。如图 2-1（a）所示：当 $n=4$ 时，即 $S_1 < S_2 < S_3 < S_4$。

2.1.1.2 步进应力加速寿命试验（SSALT）

步加试验是先选定一组加速应力水平，如 S_1，S_2，$\cdots$，S_n，且都高于正常应力水平 S_0，并假设 $S_0 < S_1 < \cdots < S_n$，各应力的加载时间长度分别为 τ_1，τ_2，$\cdots$，τ_n。然后将一定数量的试验样本全部置于最低应力 S_1 下进行试验，当试验持续一段时间 τ_1 后，将失效的样本退出试验；把应力水平提高到 S_2 继续试验，如此继续下去，直至到最高应力 S_n 下有一定数量的样本失效则停止这个试验。如图 2-1（b）所示：当 $n=4$ 时，即 $S_1 < S_2 < S_3 < S_4$。

除了初始应力水平 S_1 以外，步加试验在其他加速应力水平下得到的失效数据均不是完整的失效样本，其中包含该应力水平以前所有应力水平试验中的积累试验时间，因此步加试验需要通过应力水平之间的数据折算得到累积试验时间。累积损伤模型（Cumulative Exposure Model，CEM）便是一种寿命时间折算模型。

2.1.1.3 序进应力加速寿命试验（PSALT）

序加试验方法与步加试验方法类似，区别在于序加试验施加的加速水平随时间连续上升，即应力水平是时间变量的单调增函数，其中最简单的是沿直线上升。如

图2-1(c)所示：序加试验是以两种不同速率沿直线上升。

上述三种加速寿命试验各有优缺点。从试验时间来看，恒加试验所需要的时间最长，步加试验和序加试验可以使产品失效更快一些。从试验样本数量来看，步加试验和序加试验可以减少试验样本数。最后从试验实施和数据处理来看，恒加试验操作更简单并且数据处理方法更成熟。

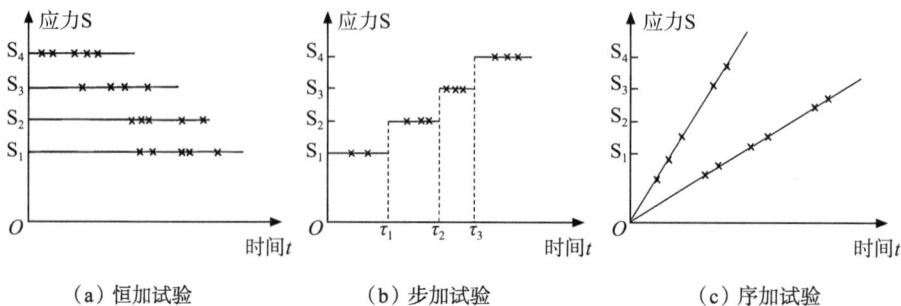

（a）恒加试验　　　　　（b）步加试验　　　　　（c）序加试验

图2-1　加速寿命试验的基本类型

2.1.2　加速模型

在加速寿命试验中，加速应力对各种失效模式的加速机理是不同的，因此试验关键在于建立寿命特征与应力水平之间的关系，即加速模型（或称为加速方程）就是用来描述这种关系，下面介绍几个常用的物理加速模型。

物理加速模型是通过失效机理相关的物理原理或基于工程师对产品性能长期观察的总结得到的加速模型。比较经典的物理加速模型有阿伦尼斯（Arrhenius）模型、逆幂律模型和单应力艾林（Eyring）模型。

2.1.2.1　阿伦尼斯模型

在加速寿命试验中，用温度作为加速应力是常见的，因为高温可以使产品内部加快化学反应，使产品提前失效。Arrhenius（1880）通过大量研究发现，以温度作为加速应力，产品寿命与温度应力之间满足如下关系：

$$\theta = Ae^{E/KT} \tag{2-1}$$

式中θ为产品寿命特征（如中位寿命、平均寿命等）；A为一个大于零的常数，与失效模式、加速试验类型及其他因素相关；E为失效机理的激活能，与发生失效模式产品的材料有关，单位是电子伏特，用ev表示；K为波尔兹曼（Boltzmann）常数，值为$8.617 \times 10^{-5} ev/℃$；$T$为绝对温度。

该加速模型被称为Arrhenius模型。该模型表明，寿命特征随温度的上升而呈现指数函数的规律下降。对模型两边取对数可以得到线性化的阿伦尼斯模型：

$$\ln \theta = a + b/T \tag{2-2}$$

式中 $a = \ln A$ 和 $b = E/K$ 均为待定参数。

2.1.2.2 逆幂律模型

在加速寿命试验中，当以机械应力或电应力（如电压、电流、功率等）作为加速应力时，产品寿命与电应力之间满足如下关系：

$$\theta = A/S^B \tag{2-3}$$

式中 θ 为产品寿命特征（如中位寿命、平均寿命等）；A 为一个大于零的常数，与失效模式、加速试验类型及其他因素相关；B 是与激活能有关的常数；S 是电应力。

该加速模型被称为逆幂律模型。对模型两边取对数可以得到线性化的逆幂律模型：

$$\ln \theta = a + b \ln S \tag{2-4}$$

式中 $a = \ln A$ 和 $b = -B$ 均为待定参数。

2.1.2.3 单应力艾林模型

在加速寿命试验中，当以温度作为加速应力时，产品寿命与温度之间满足如下关系：

$$\theta = \frac{A}{S} \exp\left(\frac{B}{KS}\right) \tag{2-5}$$

式中 θ 为产品寿命特征（如中位寿命、平均寿命等）；A 为一个大于零的常数；B 是与激活能有关的常数；K 为波尔兹曼（Boltzmann）常数，值为 $8.617 \times 10^{-5} ev/℃$；$S$ 是绝对温度。该加速模型被称为单应力Eyring模型。在温度应力变化范围比较小时，该模型近似于Arrhenius模型。很多时候可用这两个模型去拟合数据，根据拟合的好坏来选择加速模型。

2.1.3 累积损伤模型

1980年，Nelson[123]在研究步加试验时提出累积损伤模型（Cumulative Exposure Model，CEM），即产品的残存寿命仅依赖于已积累的失效概率和当前的应力水平，而与积累方式无关，即具有马尔科夫性。也就是说，若产品处于变化的应力中，在某一时刻残存寿命可用当前应力水平下的累积分布函数描述但却是从之前已累积损伤的部分开始。下面以步加试验中的 $n=4$ 为例，即 $S_1 < S_2 < S_3 < S_4$，来阐述累积损伤模型的原理。

假设步加试验的加速应力水平为 $S_1 < S_2 < S_3 < S_4$，各应力的加载时间长度分别为 τ_1，τ_2，τ_3，τ_4，产品在恒加试验 S_i 应力下的累积失效分布函数为 $F_i(t)$，步加试验中的累积失效分布函数为 $F(t)$，可以得出：

（1）在 $0 \leq t \leq \tau_1$ 阶段，产品只受到应力 S_1 的作用，因此产品的累积分布函数 $F(t) = F_1(t)$；

（2）在 $\tau_1 < t \leq \tau_2$ 阶段，产品受到应力变成 S_2，产品的累积分布函数可用 S_2 下的累积分布函数表示，但存在一个初始的累积失效概率为 $F_1(\tau_1)$，根据 Nelson 累积损伤模型，则 $F_1(\tau_1)$ 与在 S_2 下作用 γ_2 时间产生的累积失效概率相当，即

$$F_1(\tau_1) = F_2(\gamma_2) \tag{2-6}$$

则此时的累积分布函数为

$$F(t) = F_2(\gamma_2 + t - \tau_1) \tag{2-7}$$

（3）在 $\tau_2 < t \leq \tau_3$ 阶段，产品受到应力变成 S_3，初始的累积失效概率变为 $F_2(\gamma_2 + t - \tau_2)$，根据 Nelson 累积损伤模型，则 $F_2(\gamma_2 + t - \tau_2)$ 与在 S_3 下作用 γ_3 时间产生的累积失效概率相当，即

$$F_2(\gamma_2 + t - \tau_2) = F_3(\gamma_3) \tag{2-8}$$

则此时的累积分布函数为

$$F(t) = F_3(\gamma_3 + t - \tau_2) \tag{2-9}$$

（4）在 $\tau_3 < t \leq \tau_4$ 阶段，产品受到应力变成 S_4，初始的累积失效概率变为 $F_3(\gamma_3 + t - \tau_3)$，根据 Nelson 累积损伤模型，则 $F_3(\gamma_3 + \tau_3 - \tau_2)$ 与在 S_4 下作用 γ_4 时间产生的累积失效概率相当，即

$$F_3(\gamma_3 + t - \tau_3) = F_4(\gamma_4) \tag{2-10}$$

则此时的累积分布函数为

$$F(t) = F_4(\gamma_4 + t - \tau_3) \tag{2-11}$$

2.1.4　竞争失效模型

竞争失效模型是可靠统计中的一种常用模型，主要用于描述各种失效模式与产品最终失效之间关系。在产品寿命试验中，假设某产品有 $m(m \geq 1)$ 个失效机理，其

中任何一个失效机理均会导致产品失效，则各失效机理之间是竞争失效的关系，称此产品具有 m 个竞争失效机理产品。当 $m=1$ 时，产品为单一失效产品。当 $m>1$ 时，随机变量 T_i（$T_i \geq 0$; $i=1, 2, \cdots, m$）表示第 i 个失效机理发生时间，产品失效时间 T 是 i 种失效机制发生最小时间，即 $T = \min\{T_1, T_2, \cdots, T_m\}$，式中 T_1，T_2，$\cdots$，T_m 之间是相互独立的。

假设 T_i（$T_i \geq 0$; $i=1, 2, \cdots, m$）的概率密度函数（PDF）为 $f_i(t)$，累积分布函数（CDF）为 $F_i(t)$，可靠度函数 $R_i(t) = 1 - F_i(t)$，则产品的可靠度函数 $R(t)$ 可以表示如下：

$$R(t) = P(T > t) = P(T_1 > t, T_2 > t, \cdots, T_m > t)$$

$$= \prod_{i=1}^{m} P(T_i > t) = \prod_{i=1}^{m} R_i(t) \tag{2-12}$$

上式表明，在各个失效机理独立情况下，竞争失效的结果等价于各失效机理的串联系统。对于竞争失效产品，假设第 i 个失效机理的失效率为 $\lambda_i(t)$，则产品的失效率函数 $\lambda(t)$ 可以表示为：$\lambda(t) = \sum_{i=1}^{m} \lambda_i(t)$，该式称为竞争失效产品失效率加法原则。

2.1.5 截尾方案

在实际寿命试验中，由于受试验时间和成本的限制，很难获得试验的完全样本，因此在试验中多数采取不完全样本。在可靠性研究中，获取不完全样本的方法一般有两种：定时截尾（Ⅰ型截尾）和定数截尾（Ⅱ型截尾）。

其中Ⅰ型截尾方法是将 n 个试验样本投入试验中，当到达预先设定的时间 t 时终止，即得到一个Ⅰ型截尾样本。Ⅱ型截尾方法是将 n 个试验样本投入试验中，当到达预先设定的样本数 m 时终止，即得到一个Ⅱ型截尾样本。定时截尾的缺点是截止到试验终止时刻，观测到的失效数据可能太少而无法进行有效统计分析，定数截尾的缺点是可能试验时间很长而导致试验无法完成。因此学者在试验中提出逐次截尾（Progressive Censoring，PC），PC 寿命试验数据的可靠性统计分析由 Herd[124] 提出来的。逐次截尾分为逐次定时截尾（Progressive type-Ⅰ Censoring，PC-Ⅰ）和逐次定数截尾（Progressive type-Ⅱ Censoring，PC-Ⅱ）。逐次定时截尾试验的方法是将 n 个试验样本投入试验中，并且事先确定 m 个截尾时间 t_1，t_2，$\cdots$，t_m。当试验进行到 t_i（$i=1, 2, \cdots, m-1$）时，从剩余的未失效的试验样本中随机移除 R_i 个试验样本，直至试验进行到 t_m，将所有未失效的试验样本全部移除，试验结束。逐次定数截尾试验的方法是将 n 个试验样本投入试验中，事先给定试验终止的失效样本数量 $m(m<n)$

和逐步移走的样品数R_1，R_2，$\cdots$，R_m，并且满足$m+R_1+R_2+\cdots+R_m=n$。当试验进行到第i（$i=1, 2, \cdots, m-1$）个样本失效时，从剩余的未失效的试验样本中随机移除R_i个试验样本，直至试验进行到第m个样本失效时，将所有未失效的试验样本全部移除，试验结束。

2.2 Copula函数的基础理论

国外学者Nelsen在1998年对Copula函数的含义和性质做了全面详细的介绍，本节对Copula函数的定义和基础理论进行简单阐述，见相关文献[125, 126]。

2.2.1 Copula函数的定义及性质

定义2.1：函数$C:[0,1]^n \to [0,1]$称为n维Copula函数，则满足以下条件：

（1）边界条件：

① 对于任意$U_k=0$（$k \leqslant n$），则$C(u_1, \cdots, u_k, \cdots, u_n)=0$；

② 对于任意$U_k \in [0,1]$（$k \leqslant n$），则$C(1, \cdots, 1, u_k, 1, \cdots, 1)=u_k$；

（2）2-增性：

对于任意$a=(a_1, a_2, \cdots, a_n)$，$b=(b_1, b_2, \cdots, b_n) \in [0,1]^n$，并且$a_i \leqslant b_i$，则

$$V_c([a,b]) = \Delta_a^b C(t) = \Delta_{a_n}^{b_n} \Delta_{a_{n-1}}^{b_{n-1}} \cdots \Delta_{a_2}^{b_2} \Delta_{a_1}^{b_1} C(t) \geqslant 0 \tag{2-13}$$

其中$\Delta_{a_k}^{b_k} C(t) = C(t_1, \cdots, t_{k-1}, b_k, t_{k+1}, \cdots, t_n) - C(t_1, \cdots, t_{k-1}, a_k, t_{k+1}, \cdots, t_n)$。当上述定义中的$n=2$时，则称为二元Copula函数，定义如下：

定义2.2：函数$C:[0,1]^2 \to [0,1]$称为二维Copula函数，则满足以下条件：

（1）边界条件：

①对于任意$u,v \in [0,1]$，则$C(u,0)=C(0,v)=0$；

②对于任意$u,v \in [0,1]$，则$C(u,1)=u, C(1,v)=v$；

（2）2-增性：

对于任意$u_1, u_2, v_1, v_2 \in [0,1]$，并且$0 \leqslant u_1 \leqslant u_2 \leqslant 1, 0 \leqslant v_1 \leqslant v_2 \leqslant 1$，则

$$V_c([u_1, u_2] \times [v_1, v_2]) \geqslant 0 \tag{2-14}$$

其中$V_c([u_1, u_2] \times [v_1, v_2]) = C(u_2, v_2) - C(u_2, v_1) - C(u_1, v_2) + C(u_1, v_1)$。

$V_c([u_1, u_2] \times [v_1, v_2])$称为函数$C$在矩形$[u_1, u_2] \times [v_1, v_2]$上的体积，其实就是$C$在矩

形 $[u_1, u_2] \times [v_1, v_2]$ 上的二阶差分。

$$\mathrm{Vc}([u_1, u_2] \times [v_1, v_2]) = \Delta_{v_1}^{v_2} \Delta_{u_1}^{u_2} C(u, v) \qquad (2\text{-}15)$$

Sklar定理是Copula理论在统计中的应用基础，Sklar定理阐明了Copula函数在多维分布函数和其一维边缘分布的关系中所起到的连接作用，当一个随机变量同时需要多个随机变量去描述，而研究这些随机变量之间的相互关系就需要其联合分布函数，则Sklar定理很好地解决了这一点。

定理2.1 (n维Sklar定理)：假设函数 $H(x_1, x_2, \cdots, x_n)$ 表示一个具有边缘分布函数 $F_1(x_1), F_2(x_2), \cdots, F_n(x_n)$ 的联合分布函数，那么存在一个 n 维Copula函数，对于任意 $x_i \in [0,1](i = 1, 2, \cdots, n)$ 满足：

$$H(x_1, x_2, \cdots, x_n) = C(F_1(x_1), F_2(x_2), \cdots, F_n(x_n)) \qquad (2\text{-}16)$$

如果 $F_1(x_1), F_2(x_2), \cdots, F_n(x_n)$ 是连续的，那么Copula函数就是唯一确定的，否则Copula函数在 $RanF_1 \times RanF_1 \times \cdots \times RanF_n$ 上不是唯一确定的。反正，如果函数 C 是一个Copula函数，$F_1(x_1), F_2(x_2), \cdots, F_n(x_n)$ 是分布函数，由上式确定的 $H(x_1, x_2, \cdots, x_n)$ 是一个联合分布函数，其边缘分布函数分别是 $F_1(x_1), F_2(x_2), \cdots, F_n(x_n)$。

当上述中的 $n = 2$ 时，则称为2维Sklar定理，如下所述：

定理2.2 （2维Sklar定理）：假设函数 $H(x, y)$ 表示一个具有边缘分布函数 $F(x)$ 和 $G(y)$ 的联合分布函数，那么存在一个2维Copula函数，对于任意 $x, y \in [0,1]$ 满足：

$$H(x, y) = C(F(x), G(y)) \qquad (2\text{-}17)$$

如果 $F(x)$ 和 $G(y)$ 是连续的，那么Copula函数就是唯一确定的，否则Copula函数在 $RanF(x) \times RanG(y)$ 上不是唯一确定的。反正，如果函数 C 是一个Copula函数，$F(x)$ 和 $G(y)$ 是分布函数，由上式确定的 $H(x, y)$ 是一个联合分布函数，其边缘分布函数分别是 $F(x)$ 和 $G(y)$。

引理2.1 假设函数 $H(x_1, x_2, \cdots, x_n)$ 是一个 n 维联合分布函数，其边缘分布分别是 $F_1(x_1), F_2(x_2), \cdots, F_n(x_n)$，函数 C 和函数 H 对应的 n 维Copula函数，$F_1^{-1}(x_1), F_2^{-1}(x_2), \cdots, F_n^{-1}(x_n)$ 分别是 $F_1(x_1), F_2(x_2), \cdots, F_n(x_n)$ 的伪逆函数，对于任意 $x_i \in [0,1](i = 1, 2, \cdots, n)$ 都有

$$C(x_1, x_2, \cdots, x_n) = H(F_1^{-1}(x_1), F_2^{-1}(x_2), \cdots, F_n^{-1}(x_n)) \qquad (2\text{-}18)$$

当上述中的 $n = 2$ 时，如下所述：

引理2.2 假设函数 $H(x, y)$ 是一个2维联合分布函数，其边缘分布分别是 $F(x)$ 和 $G(y)$，函数 C 和函数 H 对应的2维Copula函数 $F^{-1}(x)$ 和 $G^{-1}(y)$ 分别是 $F(x)$ 和 $G(y)$ 的伪逆函数，对于任意 $x, y \in [0,1]$，都有

$$C(x,y) = H\left(F^{-1}(x), G^{-1}(y)\right) \qquad (2\text{–}19)$$

Sklar定理展示了联合分布函数是由Copula函数和边缘分布函数作用生成的，Sklar定理和Copula函数相辅相成。

2.2.2 Copula分类

Copula作为联合分布函数和边缘分布函数之间的连接函数，包含了很多分布族，其中常见的两个分布族为椭圆分布族和阿基米德（Archimedean）分布族。其中椭圆分布族中包含高斯（Gaussian）分布族和t分布族，而Archimedean分布族中Gumbel Copula、Clayton Copula、Frank Copula和阿基米德Copula等。

2.2.2.1 椭圆分布族

1. Gaussian Copula 函数

n维Gaussian Copula分布函数的表达式为：

$$C(u_1, u_2, \cdots, u_n; \rho) = \Phi_\rho\left(\Phi^{-1}(u_1), \Phi^{-1}(u_2), \cdots, \Phi^{-1}(u_n)\right) \qquad (2\text{–}20)$$

其密度函数表达式为：

$$C(u_1, u_2, \cdots, u_n; \rho) = \frac{\partial^n C(u_1, u_2, \cdots, u_n; \rho)}{\partial u_1 \partial u_2 \ldots \partial u_n}$$

$$= |\rho|^{-\frac{1}{2}} \exp\left[-\frac{1}{2}\xi^T\left(\rho^{-1} - I\right)\xi\right] \qquad (2\text{–}21)$$

其中ρ表示为对角线上元素全为1的n阶对称正定矩阵，$|\rho|$表示矩阵ρ的行列式，Φ_ρ表示相关系数矩阵为ρ的n维标准正态分布的分布函数，$\Phi^{-1}(\cdot)$表示标准正态分布的逆函数，$\xi = \Phi^{-1}(u_n)$，I表示单位矩阵。

在$n=2$情况下，Gaussian Copula分布函数的表达式：

$$C(x, y; \rho) = \Phi_\rho\left(\Phi^{-1}(x), \Phi^{-1}(y)\right)$$

$$= \int_{-\infty}^{\Phi^{-1}(x)} \int_{-\infty}^{\Phi^{-1}(y)} \frac{1}{2\pi} \frac{1}{\sqrt{1-\rho^2}} \exp\exp\left\{-\frac{u^2 - 2\rho uv + v^2}{2\left(1-\rho^2\right)}\right\} du dv \qquad (2\text{–}22)$$

在尾部相关中，分为上尾和下尾，上尾关注的是一个变量取较大值时，另一个变量也取较大值的概率；同理下尾关注的是一个变量取较小值时，另一个变量也取较小值的概率。二维Gaussian Copula函数具有尾部对称的特征，无法表示随机变量之间尾部非对称的相依关系，并且尾部相关系数分别为零，说明随机变量之间在尾部是趋于独立的。

2. t-Copula 函数

t-Copula 函数与 Gaussian Copula 函数相似，其分布函数定义为：

$$C(u_1, u_2, \cdots, u_n; \rho, m) = T_{\rho, m}\left(t_m^{-1}(u_1), t_m^{-1}(u_2), \cdots, t_m^{-1}(u_n)\right) \quad (2\text{--}23)$$

其密度函数表达式为：

$$
\begin{aligned}
c(u_1, u_2, \cdots, u_n; \rho, m) &= \frac{\partial^n C(u_1, u_2, \cdots, u_n; \rho, m)}{\partial u_1 \partial u_2 \ldots \partial u_n} \\
&= |\rho|^{-\frac{1}{2}} \frac{\Gamma\left(\dfrac{m+n}{2}\right)\left[\Gamma\left(\dfrac{m}{2}\right)\right]^{n-1}\left(1 + \dfrac{1}{m}\xi^{-1}\rho^{-1}\xi\right)^{-\frac{m+n}{2}}}{\left[\Gamma\left(\dfrac{m+1}{2}\right)\right]^n \prod_{i=1}^{n}\left(1 + \dfrac{\xi_i^2}{m}\right)^{-\frac{m+1}{2}}}
\end{aligned} \quad (2\text{--}24)
$$

其中 ρ 表示为对角线上元素全为 1 的 n 阶对称正定矩阵，$|\rho|$ 表示矩阵 ρ 的行列式，$T_{\rho, m}$ 表示相关系数矩阵为 ρ、自由度为 m 的标准 n 维 t 分布的分布函数，$t_m^{-1}(\cdot)$ 表示自由度为 m 的一元 t 分布的分布函数的逆函数，$\xi = t_m^{-1}(u_n)$。

在 $n = 2$ 情况下，自由度为 m 的 t-Copula 分布函数的表达式为：

$$C(x, y; \rho, m) = T_{\rho, m}\left(t_m^{-1}(x), t_m^{-1}(y)\right)$$

$$= \int_{-\infty}^{t_m^{-1}(x)} \int_{-\infty}^{t_m^{-1}(y)} \frac{1}{2\pi} \frac{1}{\sqrt{1-\rho^2}} \left[1 + \frac{u^2 - 2\rho uv + v^2}{m(1-\rho^2)}\right]^{-\frac{m+2}{2}} du\, dv \quad (2\text{--}25)$$

二维 t-Copula 函数具有尾部对称的特征，也无法表示随机变量之间尾部非对称的相依关系，并且其具有较厚的尾部特征，因此对于随机变量之间的尾部相关关系的变化比较敏感，可以较好地刻画随机变量之间对称的尾部相关关系。

2.2.2.2 Archimedean 分布族

在众多 Copula 函数族中，由于 Archimedean Copula 函数具有构造方便、计算简单及很多一般 Copula 函数所不具有的较好的性质而被国内外学者广泛应用。Archimedean Copula 最初是在概率度量空间的研究中出现，后由于较好的性质被应用于统计学上，尤其是金融资产收益率上刻画尾部相关性方面的研究。Genest 和 Mackay 在 1986 年给出 Archimedean Copula 分布函数的定义。

定义 2.3 假设 $\varphi: [0,1] \to [0,\infty]$ 的连续的、严格单减的凸函数，并且满足 $\varphi(1) = 0$，$\varphi^{[-1]}: [0,\infty] \to [0,1]$ 是函数 φ 的逆函数。函数 φ 被称为 Archimedean Copula 函数的生成元。则 Archimedean Copula 分布函数的定义如下：

$$C(u_1, u_2, \cdots, u_n) = \varphi^{[-1]}\big(\varphi(u_1), \varphi(u_1), \cdots, \varphi(u_n)\big) \tag{2-26}$$

当上述定义中的 $n=2$ 时，则称为二元 Archimedean Copula 分布函数，定义如下：

$$C(x, y) = \varphi^{[-1]}\big(\varphi(x) + \varphi(y)\big) \tag{2-27}$$

常用的 Archimedean Copula 函数有 Gumbel Copula 函数、Clayton Copula 函数、Frank Copula 函数，下面给出相应二维 Copula 函数。

1. 二维 Gumbel Copula 函数

当生成元 $\varphi(t) = \big(-\ln(t)\big)^\alpha, t \in (0,1)$，则根据公式（2-27）得 Copula 函数为：

$$C(x, y; \alpha) = \exp\left\{ -\left[(-lnx)^\alpha + (-lny)^\alpha \right]^{\frac{1}{\alpha}} \right\} \tag{2-28}$$

其中 α 为参数，且 $\alpha \in [1, +\infty)$。当 $\alpha = 1$ 时，x, y 趋于相互独立；当 $\alpha \to +\infty$ 时，x, y 趋于完全相关，这个 Copula 函数称为二维 Gumbel Copula 函数。二维 Gumbel Copula 函数适合刻画具有非对称尾部，并且上尾相关，下尾逐渐独立的二维随机变量之间关系，即二维 Gumbel Copula 函数对变量分布在上尾处的变化十分敏感。

2. 二维 Clayton Copula 函数

当生成元 $\varphi(t) = \dfrac{t^{-\theta} - 1}{\theta}$，则根据公式（2-27）得 Copula 函数为：

$$C(x, y; \theta) = \max\left\{ \big(x^{-\theta} + y^{-\theta} - 1\big)^{\frac{1}{\theta}}, 0 \right\} \tag{2-29}$$

其中 θ 为参数，且 $\theta \in (-1, 0) \cup (0, +\infty)$。当 $\theta \to 0$ 时，x, y 趋于相互独立；当 $\theta \to +\infty$ 时，x, y 趋于完全相关。这个 Copula 函数称为二维 Clayton Copula 函数。二维 Clayton Copula 函数适合刻画具有非对称尾部，并且下尾相关，上尾逐渐独立的二维随机变量之间关系，即二维 Clayton Copula 函数对变量分布在下尾处的变化十分敏感。

3. 二维 Frank Copula 函数

当生成元 $\varphi(t) = -\ln \dfrac{e^{-\beta t} - 1}{e^{-\beta} - 1}$，则根据公式（2-27）得 Copula 函数为：

$$C(x, y; \beta) = -\frac{1}{\beta} \ln\left[1 + \frac{\big(e^{-\beta x} - 1\big)\big(e^{-\beta y} - 1\big)}{e^{-\beta} - 1} \right] \tag{2-30}$$

其中 β 为参数，且 $\beta \in (-\infty, 0) \cup (0, +\infty)$。当 $\beta < 0$ 表示 x, y 负相关；当 $\beta > 0$ 表示 x, y 正相关；当 $\beta \to 0$ 时，x, y 趋于相互独立。这个 Copula 函数称为二维 Frank Copula 函数。二维 Frank Copula 函数具有对称的尾部特征，因此无法刻画随机变量之间的非对称的尾部相依关系。

2.2.3 基于 Copula 理论的相关性度量

在数理统计中，通常用线性相关系数 ρ 来反映变量之间的相依关系，其定义为：

$$\rho(X,Y) = \frac{\text{cov}(X,Y)}{\sqrt{Var(X)}\sqrt{Var(Y)}} \tag{2-31}$$

其中，cov(X, Y) 表示 X，Y 的协方差，Var(X) 和 Var(Y) 分布表示 X，Y 的方差。但是当变量之间为非线性的情况下，相关系数就不能准确地反映变量之间的相依关系，因此需要其他相关性度量方法。下面介绍三种最常用的相关性度量：Kendall 秩相关系数 τ、斯皮尔曼（Spearman）秩相关系数 ρ 和 Gini 关联系数 γ。

2.2.3.1 Kendall 秩相关系数 τ

从概率角度给出 Kendall 秩相关系数 τ 的定义，具体如下：

定义 2.4 令 (X_1, Y_1) 和 (X_2, Y_2) 为独立同分布的随机向量，则定义

$$\tau = P\left[(X_1 - X_2)(Y_1 - Y_2) > 0\right] - P\left[(X_1 - X_2)(Y_1 - Y_2) < 0\right] \tag{2-32}$$

为 Kendall 秩相关系数。

易知，相关系数 τ 具有变量单调增变换下取值不发生改变的性质，并且 $\tau > 0$ 表示 X 和 Y 是变化一致为正相关；$\tau < 0$ 表示 X 和 Y 是变化反向一致为负相关；$\tau = 0$ 表示此方法不能判断 X 和 Y 是否具有相关性。

定理 2.3 设 X 和 Y 是具有 Copula 函数的连续随机变量，则 X 和 Y 的 Kendall 秩相关系数 τ 定义如下：

$$\tau = \tau_{XY} = 4\iint_{I^2} C(u,v)\,dudv - 1 = 4E\left(C(u,v)\right) - 1 \tag{2-33}$$

若 Copula 是 Archimedean Copula 函数，则相关系数 τ 可由生成元 $\varphi(t)$ 来确定。

定理 2.4 设 X 和 Y 是具有 Archimedean Copula 函数的随机变量。生成元为 $\varphi(t)$，则 X 和 Y 的 Kendall 秩相关系数 τ 定义如下：

$$\tau_C = 1 + 4\int_0^1 \frac{\varphi(t)}{\varphi'(t)}\,dt \tag{2-34}$$

由上述定义和定理可知，二维 Gumbel Copula 函数的 Kendall 秩相关系数 τ 为：

$$\tau = \frac{\alpha - 1}{\alpha} \tag{2-35 a}$$

二维 Clayton Copula 函数的 Kendall 秩相关系数 τ 为：

$$\tau = \frac{\theta}{\theta + 2} \tag{2-35 b}$$

二维 Frank Copula 函数的 Kendall 秩相关系数 τ 为：

$$\tau = 1 + 4\frac{D_1(\beta) - 1}{\beta} \qquad (2\text{--}35\,\text{c})$$

其中 $D_1(\beta) = \dfrac{1}{\beta}\displaystyle\int_0^\beta \dfrac{t}{e^t - 1}dt$。

2.2.3.2 Spearman 相关系数 ρ

从概率角度给出 Spearman 相关系数 ρ 的定义，具体如下：

定义 2.5 (X_1, Y_1)，(X_2, Y_2) 和 (X_3, Y_3) 为三个独立同分布的随机向量，则定义

$$\rho = \rho_{XY} = 3\big(P\big[(X_1 - X_2)(Y_1 - Y_3) > 0\big] - P\big[(X_1 - X_2)(Y_1 - Y_3) < 0\big]\big) \qquad (2\text{--}36)$$

为 Spearman 相关系数。

定理 2.5 设 X 和 Y 是具有 Copula 函数的连续随机变量，则 X 和 Y 的 Spearman 相关系数 ρ 定义如下：

$$\rho = \rho_{XY} = 12\iint_{I^2} C(u,v)\,dudv - 3 = 12\iint_{I^2}\big(C(u,v) - uv\big)\,dudv \qquad (2\text{--}37)$$

2.2.3.3 Gini 关联系数 γ

从概率角度给出 Gini 关联系数 γ 的定义，具体如下：

定义 2.6 设 (x_1, y_1)，(x_2, y_2)，$\cdots$，(x_N, y_N)，为从二维向量 (X, Y) 中选取的容量为 N 的样本，(γ_i, s_i) 为 (x_i, y_i) 的秩，定义

$$\gamma = \frac{1}{\mathrm{int}\left(\dfrac{N^2}{2}\right)}\left(\sum_{i=1}^N |\gamma_i + s_i - N - 1| - \sum_{i=1}^N |\gamma_i - s_i|\right) \qquad (2\text{--}38)$$

为 Gini 关联系数，其中 $\mathrm{int}(\cdot)$ 为取整函数。

定理 2.6 设 X 和 Y 是具有 Copula 函数的连续随机变量，则 X 和 Y 的 Gini 关联系数 γ 定义如下：

$$\gamma = \gamma_{XY} = 4\left\{\int_0^1 C(u, 1-u)\,du - \int_0^1 \big[u - C(u,u)\big]\,du\right\} \qquad (2\text{--}39)$$

2.2.4 基于 Copula 理论的随机变量模拟生成方法

Copula 函数在实际中除了可以刻画随机变量之间的相依关系以外，还有一个重要的作用就是可以进行 MCMC 随机变量的模拟。

设 (X, Y) 的生存联合分布函数为 $\bar{H}(X, Y)$，对应的生存 Copula 函数为 $\hat{C}(u, v) = u + v - 1 + C(1-u, 1-v)$。由于 u 和 v 服从 $(0, 1)$ 均匀分布，因此 $1-u$ 和 $1-v$ 也服从 $(0, 1)$ 均匀分布。则在生存联合分布函数 $\bar{H}(X, Y)$ 给定情况下，(x, y) 的生成方法步骤如下：

步骤一：生成两个独立的 $(0, 1)$ 区间上均匀分布变量 u 和 t；

步骤二：设 $v = \hat{c}_u^{(-1)}(t)$，$\hat{c}_u^{(-1)}(t)$ 表示 $\hat{c}_u(v)$ 的伪逆函数，其中 $\hat{c}_u(v) = \dfrac{\partial \hat{C}(u,v)}{\partial u}$；

步骤三：$x = \bar{F}^{-1}(1-u)$，$y = \bar{F}^{(-1)}(1-v)$；

步骤四：(x, y) 即是生存分布函数为 $\bar{H}(X, Y)$ 的随机变量。

2.3 可靠性统计理论

统计学主要有两大学派：经典统计学派和贝叶斯统计学派。这两个学派的争论焦点问题是统计模型中的参数是否是随机变量，即参数是否有先验分布。经典统计学派认为参数是客观存在的，最关心的是模型的似然函数。Bayes统计学派认为参数是随机变化的，即存在分布，称为先验分布。因此在参数的统计分析中除了使用试验中所提供的信息外，必须结合先验分布。统计推断是数理研究的核心。所谓统计推断是指根据样本对总体的分布或分布的数字特征等做出合理推断。

2.3.1 经典统计

参数估计主要研究当总体的分布类型已知，而其中参数未知时，如何利用样本值对那些未知参数进行估计的问题，参数估计可以分为点估计和区间估计两种类型，下面分别进行介绍。

2.3.1.1 点估计

设 x_1，x_2，$\cdots$，x_n 是取自母体的一个子样，构造一个函数 $\hat{\theta}(x_1, x_2, \cdots, x_n)$ 作为未知参数的估计值，则称 $\hat{\theta}(x_1, x_2, \cdots, x_n)$ 为参数 θ 的点估计值。点估计的求法种类较多，下面介绍常见的矩估计法和最大似然估计法。

1. 矩估计法

设总体 X 的分布函数 $F(x; \theta_1, \theta_2, \cdots, \theta_m)$ 中有 m 个未知参数 θ_1，θ_2，$\cdots$，θ_m，假设总体 X 的 m 阶矩存在，记总体 X 的 k 阶原点矩为 α_k，则

$$EX^k = \int_{-\infty}^{+\infty} x^k dF(x; \theta_1, \theta_2, \cdots, \theta_m) \triangleq \alpha_k(\theta_1, \theta_2, \cdots, \theta_m) \tag{2-40}$$

其中 $k = 1, 2, \cdots, m$，现在用样本的 k 阶原点矩为总体 k 阶原点矩的估计，则令

$$\frac{1}{n} \sum_{i=1}^{n} x_i^k = \alpha_k(\hat{\theta}_1, \hat{\theta}_2, \cdots, \hat{\theta}_m) \tag{2-41}$$

解上述方程组得$\hat{\theta}_k = \hat{\theta}_k(x_1, x_2, \cdots, x_n)$，并以$\hat{\theta}_k$作为$\theta_k$的矩估计量，这种方法称为矩估计法。由于样本矩的表达式与总体的分布函数$F(x; \theta_1, \theta_2, \cdots, \theta_m)$的表达方式无关，这表明，矩估计法并没有充分利用总体分布$F(x; \theta_1, \theta_2, \cdots, \theta_m)$对参数$\theta_k$所提供的的信息，所以矩估计有时候不一定是一个优良的估计方法。

2. 最大似然估计法

英国统计学家费希尔（R. A. Fisher）于1912年提出最大似然估计法（Maximum Likelihood Estimation，MLE）作为一种点估计的方法。由于此方法具有很多优良性质，因此当总体分布类型已知时，最好用最大似然估计法来估计总体分布中的未知参数。设总体X是连续随机变量，其分布密度函数为$f(x; \boldsymbol{\theta})$，其中$\boldsymbol{\theta} = (\theta_1, \theta_2, \cdots, \theta_m)^T$是未知参数，若$(X_1, X_2, \cdots, X_n)^T$是总体$X$的一个样本，则样本$(X_1, X_2, \cdots, X_n)^T$的联合分布密度为$\prod_{i=1}^{n} f(x_i; \boldsymbol{\theta})$，再给定样本值$(X_1, X_2, \cdots, X_n)^T$后，它只是参数$\theta$的函数，记为$L(\boldsymbol{\theta})$，即

$$L(\boldsymbol{\theta}) = \prod_{i=1}^{n} f(x_i; \boldsymbol{\theta}) \tag{2-42}$$

这个函数L称为似然函数，即样本的联合分布密度。若存在$\hat{\boldsymbol{\theta}} = (\hat{\theta}_1, \hat{\theta}_2, \cdots, \hat{\theta}_m)^T$使似然函数$L$达到最大值，则称$\hat{\theta}_1, \hat{\theta}_2, \cdots, \hat{\theta}_m$分别是$\theta_1, \theta_2, \cdots, \theta_m$的最大似然估计值。由此可知最大似然估计法充分利用了样本中所包含的$\boldsymbol{\theta}$信息，因而最大似然估计法有许多优良性质。

2.3.1.2 区间估计

1. 渐进置信区间估计

在参数的点估计中，估计值虽然给人们一个明确的数量概念，但似乎还不够，因为它只是$\boldsymbol{\theta}$的一个近似值，与$\boldsymbol{\theta}$总会有正或负的偏差。而点估计本身既没有反映近似值的精确度，也不知道它偏差范围。为了弥补不足，可采用另一种估计方法，即区间估计。

设$x_1, x_2, \cdots, x_n$是取自母体的一个子样，构造两个函数$\boldsymbol{\theta}_1(x_1, x_2, \cdots, x_n)$和$\boldsymbol{\theta}_2(x_1, x_2, \cdots, x_n)$，对于给定的$\alpha(0 < \alpha < 1)$，使得

$$P\left\{ \hat{\boldsymbol{\theta}}_1(x_1, x_2, \cdots, x_n) < \theta < \hat{\boldsymbol{\theta}}_2(x_1, x_2, \cdots, x_n) \right\} = 1 - \alpha \tag{2-43}$$

则称区间$(\hat{\theta}_1, \hat{\theta}_2)$为参数$\theta$的置信度为$1-\alpha$的置信区间，$\hat{\theta}_1$称为置信下限，$\hat{\theta}_2$称为置信上限。

2. Bootstrap 置信区间估计

Bootstrap方法最早由文献[127]中提出的，其核心思想是从原始样本中有放回的

重复抽取样本，所得到的样本称为 Bootstrap 样本。Bootstrap 方法不需要额外的信息，从本质上讲是一种非参估计，具有很大的实际应用价值。生成 Bootstrap 样本基本步骤如下：

步骤一：根据经典统计方法计算参数的极大似然估计值 $\hat{\lambda}$；

步骤二：基于 $\hat{\lambda}$ 作为参数真值，产生一组模拟数据样本，重新计算这个样本下的对应参数的极大似然估计值，并记为 $\hat{\lambda}^{*[1]}$；

步骤三：重复步骤二（B–1）次，得到 B 组参数 $\hat{\lambda}$ 的极大似然估计值，记为 $\hat{\lambda}^{*[m]}(m = 1, \cdots, B)$，即得到 Bootstrap 样本 $\left\{ \hat{\lambda}^{*[1]}, \hat{\lambda}^{*[2]}, \cdots, \hat{\lambda}^{*[B]} \right\}$。

2.3.2 贝叶斯统计

贝叶斯分析起源于英国学者贝叶斯[128]（Bayes）在1763年发表的一篇论文"论有关机遇问题的求解"，在此论文中提出著名的贝叶斯公式和一种归纳推理方法，但由于其理论尚不完整，应用中又出现了一些问题，导致贝叶斯方法长期未被普遍接受。直到二战以后，在贝叶斯学者的努力下，对贝叶斯方法在观点、方法和理论上不断完善。贝叶斯理论受到欢迎并得到迅猛发展。如今贝叶斯统计已趋于成熟，贝叶斯学派已发展成为一个有影响的统计学派。

2.3.2.1 贝叶斯理论

基于总体信息、样本信息和先验信息三种信息进行的统计推断被称为贝叶斯统计学。它与经典统计学的主要差别在于是否利用先验信息。在使用样本信息上，贝叶斯学派重视已经出现的样本观测值，而对尚未发生的样本观测值不予考虑，贝叶斯学派很重视先验信息的收集、挖掘和加工，使它数量化，形成先验分布，参与统计推断中，提高统计推断的质量。

在贝叶斯估计中，是将分布模型的未知参数均看成随机变量，并利用概率密度函数来描述对于参数的不确定程度，因此确立未知参数的联合先验分布是利用贝叶斯理论进行参数估计的第一步。贝叶斯分析的基本过程如下：

第一步：求出样本 $X = (X_1, X_2, \cdots, X_n)$ 的联合概率密度函数。先从先验分布 $\pi(\theta)$ 产生一个观察值 θ，再从 X 的条件概率密度 $p(x|\theta)$ 中产生一组样本观测值 $x = (x_1, x_2, \cdots, x_n)$。此时样本的联合概率密度函数可表示为：

$$p(x|\theta) = \prod_{i=1}^{n} p(x_i|\theta) \tag{2-44}$$

第二步：求出样本 X 与未知参数 θ 的联合分布，即

29

$$\pi(x,\theta) = p(x|\theta)\pi(\theta) \tag{2-45}$$

第三步：利用贝叶斯公式，求出未知参数 θ 的后验概率密度

$$\pi(\theta|x) = \frac{p(x|\theta)\pi(\theta)}{\int p(x|\theta)\pi(\theta)d\theta} \propto p(x|\theta)\pi(\theta) \tag{2-46}$$

贝叶斯估计采用了信息样本和先验信息，且能通过后验信息和观测数据对先验信息进行更新，使得估计结果更接近于真实情况。在样本量很大时，贝叶斯估计方法和经典传统的估计方法之间差距很小，但是当样本量很小时，贝叶斯在小样本数据的拟合上优势更明显。先验分布在贝叶斯统计中尤为重要，其中先验分布的选取主要有两种方法，介绍如下：

1. 无信息先验

无信息先验是指仅知道参数的取值范围及其在模型中的地位，其他信息一无所知或者知之甚少时构建的一类先验分布。获得先验分布方法有贝叶斯假设法、Jerrrey 先验准则法、Reference 先验准则法等。

2. 共轭先验

一般先验分布 $\pi(\theta)$ 是反映人们在抽样前对 θ 的认识，后验分布 $\pi(x|\theta)$ 是反映人们抽样后对 θ 的认识。之间的差异是由于样本 x 出现后人们对 θ 的认识的一种调整。后验分布在贝叶斯统计中起着重要作用，然而有时候后验分布的计算较为复杂，为了计算方便引入共轭先验分布。定义如下：

定义2.7 设 θ 是总体分布中的参数（或参数向量），$\pi(\theta)$ 是 θ 的先验密度函数，假如由抽样信息算得的后验密度函数与 $\pi(\theta)$ 有相同的函数形式，则称 $\pi(\theta)$ 是 θ 的共轭先验分布。共轭先验分布在很多场合被采用，因为它有两个有点：一是计算方便；二是后验分布的一些参数可以得到很好的解释。在实际中常用分布参数的共轭先验分布列于表2-1。

表2-1　常见分布参数的共轭先验分布

总体分布	参数	共轭先验分布
二项分布	成功概率	贝塔分布
指数分布	均值的倒数	伽马分布
正态分布（方差已知）	均值	正态分布
正态分布（均值已知）	方差	倒伽马分布

2.3.2.2 MCMC 方法

现代统计分析涉及大量的模拟分析、数值积分、非线性方差迭代求解等问题，贝叶斯统计分析更为突出。在贝叶斯估计模型中，通过高微积分去掉多余参数从而求得待估参数的边缘后验分布是十分困难的，甚至边缘后验分布不存在。这时通常需要借助马氏链蒙特卡罗（Markov Chain Monte Carlo，MCMC）方法完成计算，下面介绍 MCMC 方法的基本思想和在贝叶斯统计分析中的应用。

MCMC 是一种特殊的蒙特卡罗方法，该方法实际上将马尔科夫过程引入蒙特卡罗模拟中，构造一个马尔科夫链，使得该马尔科夫链的平稳分布就是所需要求后验分布，并利用稳态分布中抽样点计算蒙特卡罗积分。通过大量的循环模拟，基于该马尔科夫链从后验分布中直接产生待估参数的仿真样本，即可做出各种统计推断。MCMC 包含了两个基本内容：蒙特卡罗（Monte Carlo，MC）积分和马尔科夫链（简称马氏链）。在使用 MCMC 方法时，马氏链的构造尤为重要。马氏链是由 Markov 于 1906 年研究而得名，迄今为止该理论已广泛应用于自然科学、工程技术以及经济管理各个领域中。马氏链提供从目标分布 $\pi(x|\theta)$ 中抽取随机样本的方法。这样的链 $\{\theta^{(0)}, \theta^{(1)}, \theta^{(2)}, \cdots\}$ 需要满足一些基本要求才能使用，这些要求包括马氏性、不可约性、非周期性、遍历性等。因此在贝叶斯分析中我们所要做的是建立一个以后验分布 $\pi(x|\theta)$ 为平稳分布的马氏链，在此链运行足够长时间后取值，再根据遍历性定理对贝叶斯分析涉及的积分用蒙特卡罗方法进行估计。其中常见的马氏链构造方法是 Metropolis-Hastings（M-H）抽样算法和 Gibbs 抽样算法。

1. M-H 抽样算法

M-H 抽样算法是一类最为常用的 MCMC 方法，它是由 Metropolis 等于 1953 年提出，后由 Hasting 于 1970 年进行推广，最后形成 Metropolis-Hasting 算法。Metropolis 算法用对称的建议函数产生一个潜在的转移点，然后根据接受–拒绝法则决定该潜在转移点是否转移，之后 Hasting 将算法扩展到非对称情形，借此转移函数。M-H 抽样算法具体步骤如下：$\boldsymbol{\theta}^{(0)} = \left(\theta_1^{(0)}, \theta_2^{(0)}, \cdots, \theta_n^{(0)} \right)$

步骤一：给定一组马氏链初值 $\boldsymbol{\theta}^{(0)} = \left(\theta_1^{(0)}, \theta_2^{(0)}, \cdots, \theta_n^{(0)} \right)$，构造合适建议分布函数 $q\left(\cdot | \boldsymbol{\theta}^{(0)} \right)$；

步骤二：从建议分布函数 $q\left(\cdot | \boldsymbol{\theta}^{(0)} \right)$ 产生候选点 $\boldsymbol{\theta}^*$；

步骤三：计算概率 $r\left(\boldsymbol{\theta}^{(0)}, \boldsymbol{\theta}^* \right)$，其中

$$r\left(\boldsymbol{\theta}^{(0)},\boldsymbol{\theta}^{*}\right)\triangleq\frac{\pi\left(\boldsymbol{\theta}^{*}|\mathbf{x}\right)q\left(\boldsymbol{\theta}^{(0)}|\boldsymbol{\theta}^{*}\right)}{\pi\left(\boldsymbol{\theta}^{(0)}|\mathbf{x}\right)q\left(\boldsymbol{\theta}^{*}|\boldsymbol{\theta}^{(0)}\right)} \tag{2-47}$$

步骤三：按一定的接受概率形成法则去判断是否接受$\boldsymbol{\theta}^{*}$。从均匀分布$U(0,1)$中产生U，判断若$U\leqslant r\left(\boldsymbol{\theta}^{(0)},\boldsymbol{\theta}^{*}\right)$，则$\boldsymbol{\theta}^{*}$接受，则令$\boldsymbol{\theta}^{(1)}=\boldsymbol{\theta}^{*}$，否则令$\boldsymbol{\theta}^{(1)}=\boldsymbol{\theta}^{(0)}$。

这样便完成第一次迭代抽样，再由此作为初始值返回第二步进行下一次迭代。基于上述步骤产生抽样点$\left(\boldsymbol{\theta}^{(0)},\boldsymbol{\theta}^{(1)},\cdots,\boldsymbol{\theta}^{(t)},\cdots\right)$的马氏链，其中从$\boldsymbol{\theta}^{(t)}$到$\boldsymbol{\theta}^{(t+1)}$的转移概率仅与$\boldsymbol{\theta}^{(t)}$有关。当迭代的次数$k$足够大时，$\boldsymbol{\theta}^{(k)}=\left(\theta_{1}^{(k)},\theta_{2}^{(k)},\cdots,\theta_{n}^{(k)}\right)$可以看成$\pi(\theta_{1},\theta_{2},\cdots,\theta_{n})$的近似值。

上述接受概率r表示为：

$$r\left(\boldsymbol{\theta}^{(t)},\boldsymbol{\theta}^{*}\right)=\min\left(1,\frac{\pi\left(\boldsymbol{\theta}^{*}|\mathbf{x}\right)q\left(\boldsymbol{\theta}^{(t)}|\boldsymbol{\theta}^{*}\right)}{\pi\left(\boldsymbol{\theta}^{(t)}|\mathbf{x}\right)q\left(\boldsymbol{\theta}^{*}|\boldsymbol{\theta}^{(t)}\right)}\right) \tag{2-48}$$

在M-H抽样中建议分布又称为跳跃分布，它对应于马氏链中状态转移的一个跳跃规则，它的选取是M-H抽样算法的关键。

2. Gibbs抽样算法

M-H抽样算法在低维数值运算中比较方便，当参数维度高时，建议分布函数的选择并非易事。Gibbs抽样算法最早由Stuart Geman与Donald Geman在1984年提出，并用于Gibbs格子点分布，由此而得名，Gibbs抽样经常用于目标分布是多维场合。Gibbs抽样算法是应用最为广泛的抽样算法，是M-H抽样算法的特例，接受概率$r=1$，即每次迭代后都接收候选点。设$\boldsymbol{\theta}$是一个n维随机变量，其概率密度函数为$\pi(\theta_{1},\theta_{2},\cdots,\theta_{n})$，则Gibbs抽样算法具体步骤如下：

步骤一：给定一组马氏链初值$\boldsymbol{\theta}^{(0)}=\left(\theta_{1}^{(0)},\theta_{2}^{(0)},\cdots,\theta_{n}^{(0)}\right)$；

步骤二：从条件分布$\pi\left(\theta_{i}|\theta_{1}^{(0)},\cdots,\theta_{n}^{(0)}\right)$中抽取样本$\theta_{1}^{(1)}$；

步骤三：对于$i=2,3,\cdots,n$，重复上述步骤，依次抽取从条件分布中$\pi\left(\theta_{i}|\theta_{1}^{(1)},\cdots,\theta_{i-1}^{(1)},\theta_{i+1}^{(0)},\cdots,\theta_{n}^{(0)}\right)$抽取样本$\theta_{1}^{(i)}$；

这样便完成第一次迭代抽样，得到样本$\boldsymbol{\theta}^{(1)}=\left(\theta_{1}^{(1)},\theta_{2}^{(1)},\cdots,\theta_{n}^{(1)}\right)$，完成了由$\boldsymbol{\theta}^{(0)}$到$\boldsymbol{\theta}^{(1)}$的一次转移，再由此作为初始值，进行下一次迭代，由此产生马氏链$\boldsymbol{\theta}^{(0)}$，$\boldsymbol{\theta}^{(1)}$，$\cdots$，$\boldsymbol{\theta}^{(t)}\cdots$，$\boldsymbol{\theta}^{(k)}$。当迭代的次数$k$足够大时，$\boldsymbol{\theta}^{(k)}=\left(\theta_{1}^{(k)},\theta_{2}^{(k)},\cdots,\theta_{n}^{(k)}\right)$可以看成$\pi(\theta_{1},\theta_{2},\cdots,\theta_{n})$的近似值。

比较M-H抽样算法和Gibbs抽样算法可知，Gibbs抽样算法不需要选取建议分布函数并进行候选点的拒绝与否的判断，能够很快找到目标后验分布。

2.3.3 多层Bayes（H–Bayes）统计

用Bayes方法进行推断统计的过程是给出先验分布，然后根据Bayes定理算出后验分布，最后根据后验分布进行统计推断。所以用Bayes方法进行统计推断的关键与困难之处在于"先验分布的确定"。在文献[129]中提出多层先验分布的概念，即在先验分布中含有超参数，可对超参数再给出一个先验分布。定义如下：

定义2.8 设 $\Theta = \{(a,b)|0 < a, 0 < b\}$，$\pi(a,b)$ 是 a 和 b 在区域 Θ 上的联合密度函数，$\pi(\theta|a,b)$ 是参数 θ 的先验分布（用超参数 a 和 b 表示），则参数 θ 的多层先验密度函数定义如下：

$$\pi(\theta) = \iint_{\Theta} \pi(\theta|a,b)\pi(a,b)\,dadb \tag{2-49}$$

其中最常用的多层先验分布的构造方法——减函数方法，即选择 a 和 b 使得 $\pi(\theta|a,b)$ 为参数 θ 的减函数。

2.3.4 期望Bayes（E–Bayes）统计

虽然多层Bayes方法在可靠性参数估计上取得了一些进展，但是多层Bayes方法得到的结果一般都要涉及积分计算，虽然有MCMC等计算方法，但是在实际应用上还是不太方便，文献[130]中提出参数的期望Bayes估计方法。定义如下：

定义2.9 设 $\Theta = \{(a,b)|0 < a < 1, 0 < b < c\}(c > 0)$，$\pi(a,b)$ 是 a 和 b 在区域 Θ 上的联合密度函数，$\hat{\theta}_B(a,b)$ 是参数 θ 的Bayes估计（用超参数 a 和 b 表示），则参数 θ 的 E-Bayes估计 $\hat{\theta}_{EB}(a,b)$ 定义如下：

$$\hat{\theta}_{EB}(a,b) = E\left[\hat{\theta}(a,b)\right] = \iint_{\Theta} \hat{\theta}_B(a,b)\pi(a,b)\,dadb \tag{2-50}$$

从定义2.9可以看出，参数 θ 的E-Bayes估计是参数 θ 的Bayes估计 $\hat{\theta}_B(a,b)$ 对超参数的数学期望。

2.3.5 模型比较准则

在模型选择中，常见的准则为Akaike Information Criterion（AIC），Bayesian Information Criterion（BIC）和Deviance Information Criterion（DIC）。

1. AIC准则

AIC准则是由Akaike于1973年提出，全称为最小信息量准则，其考虑了模型对数据的拟合度。公式如下：

$$AIC = -2\ln(L(x|\theta)) + 2n \tag{2-51}$$

式中 $L(x|\theta)$ 为似然函数，n 为模型中参数数量。

2. BIC 准则

由于 AIC 准则存在受样本容量的影响的弱点，为了弥补其不足，Akaike 于 1976 年提出 BIC 准则。公式如下：

$$BIC = -2\ln(L(x|\theta)) + n\ln(N) \tag{2-52}$$

式中 $L(x|\theta)$ 为似然函数，n 为模型中参数数量，N 为观测到的试验数据数量。

3. DIC 准则

DIC 准则是由 Spiegelalter 于 2002 年提出，其同时考虑了模型对数据的拟合度和模型的复杂程度，通常提高模型的复杂程度能够提高模型的拟合度。公式如下：

$$DIC = \bar{D} + N_D = E_{\theta|x}\left[-2\ln(L(x|\theta))\right] + E_{\theta|x}\left[-\ln(L(x|\bar{\theta}))\right] \tag{2-53}$$

式中 $L(x|\theta)$ 为似然函数，$\bar{\theta}$ 为参数 θ 的后验均值，$L(x|\bar{\theta})$ 表示在后验参数已知的条件下的似然函数。其中 DIC 的值越小，说明模型对数据的整体拟合就越好。

3 逐步Ⅱ型截尾下的恒定应力加速竞争失效模型的产品可靠性研究

3.1　引言

随着产品可靠性能的不断提升，用通常的寿命试验方法来评估产品的可靠性，不论从试验时间还是试验成本上都是很大的，甚至即使花费巨大成本把试验做出来，但是产品已经被更新升级了，从而失去了试验的意义，因此人们提出了加速寿命试验（ALT），即通过高应力水平下产品的寿命特征去外推正常应力下的寿命特征。由此可知，加速寿命试验对产品寿命评估具有预测能力，同时又能大大缩短寿命试验的时间，提高试验效率，降低试验成本。

恒定应力加速寿命试验是最早被提出的加速寿命试验方法，其基本原理是提高试验的应力水平从而缩短试验时间来降低试验成本。恒定应力加速寿命试验也是现阶段最成熟的加速寿命试验方法。在传统加速寿命试验统计分析中通常假设产品仅有一种失效模式，但对于绝大多数产品而言，由于其内部结构及外部工作环境的复杂性，引起产品失效的原因往往不是单一的。并且其中任何一个失效机理均会导致产品失效，则各失效机理之间是竞争的关系，在本章节中将对恒定应力加速竞争失效模型进行可靠性研究。

本章将在逐步 Ⅱ 型截尾下进行恒定应力加速寿命试验，并通过试验失效数据对模型进行统计分析。首先，基于试验失效数据，利用经典统计方法——MLEs对模型参数进行点估计、渐进置信区间估计和Bootstrap 置信区间估计。其次，通过MCMC算法来模拟上述模型未知参数估计以及置信区间的估计，并给出试验数值分析。最后，用电动机的绝缘系统的数据为实例，通过对试验数据进行统计分析，完成了可靠性估计和寿命预测。

3.2　寿命模型描述

3.2.1　基本假设

本章的讨论基于以下四个基本假设：

假设1 试验样本的失效机理有两种并且失效机理之间是相互独立，而且样本的失效只由其中一种失效机理引起。这两种失效机理发生的时间分别记为 T_1 和 T_2，则样本的寿命记为 $T = \min\{T_1, T_2\}$。

假设2 样本寿命 $T_j(j=1,2)$ 服从的是形状参数为 α_j，尺度参数为 λ_{ij} 的逆威布尔分布（Inverse Weibull，IW），记为 $T_j \sim IW(\alpha_j, \lambda_{ij})$，其CDF和PDF分别为：

$$F_{ij}(t; \alpha_j, \lambda_{ij}) = \exp(-\lambda_{ij} t^{-\alpha_j}) \tag{3-1}$$

$$f_{ij}(t; \alpha_j, \lambda_{ij}) = \alpha_j \lambda_{ij} t^{-(\alpha_j+1)} \exp(-\lambda_{ij} t^{-\alpha_j}) \tag{3-2}$$

式中 $t > 0, \alpha_j > 0, \lambda_{ij} > 0$。

假设3 由于在不同的加速应力强度下样本同一失效机理是相同的，所以同一失效机理在不同应力强度下的形状参数值相等，即 $\alpha_{1j} = \alpha_{2j} = \cdots = \alpha_{kj} = \alpha_j (j=1,2)$。

假设4 在加速应力水平 S_i 下，尺度参数为 λ_{ij} 满足下列关系：

$$\ln \lambda_{ij} = a_j + b_j \varphi(S_i)(i=0,1,2,\cdots;k, j=0,1,2) \tag{3-3}$$

式中 a_j 和 b_j 是未知的系数参数，$\varphi(S_i)$ 是关于加速应力水平 S_i 的递减函数。当加速应力为温度时，$\varphi(S_i) = 1/S_i$，加速模型为阿伦尼斯（Arrhenius）模型，本章中选用Arrhenius模型。

3.2.2 模型描述

假设正常应力水平为 S_0，加速应力水平为 $S_1, S_2, \cdots, S_k$，且都高于正常应力水平 S_0，并假设 $S_0 < S_1 < \cdots < S_k$。逐步Ⅱ型截尾下恒定应力加速寿命试验（CSALT）过程如下：将 n 个试验样本随机分成 k 组，每组的样本个数记为 $n_i(i=1, 2, \cdots, k)$，并且满足 $n_1 + n_2 + \cdots + n_k = n$。对于引起每个试验样本的失效机理有两种并且失效机理之间是相互独立，而且样本的失效只由其中一种失效机理引起。在每一个加速应力水平 $S_i(i=1, 2, \cdots, k)$ 下，我们通过渐进Ⅱ型截尾方案获得试验数据。具体试验步骤如下：在加速应力水平 S_i 下，事先给定试验终止的失效样本数量 $m_i(m_i < n_i)$ 和逐步移走的样品数 $R_{i1}, R_{i2}, \cdots, R_{im_i}$，并且满足 $m_i + R_{i1} + R_{i2} + \cdots + R_{im_i} = n_i$。试验开始，当第一个失效样本产生时，从剩余的未失效的试验样本中随机移除 R_{i1} 个试验样本，并根据失效模式记录下观测的样本数据 $(t_{i1}, \delta_{i1}, R_{i1})$，然后继续进行试验，同样当第二个失效样本产生时，从剩余的未失效的试验样本中随机移除 R_{i2} 个试验样本，并根据失效模式记录下观测的样本数据 $(t_{i2}, \delta_{i2}, R_{i2})$，依次进行试验直至第 m_i 个失效试验样本产生，将

剩余的未失效的试验样本 R_{im_i} 全部移除试验，试验结束。最终得到的试验数据为：

$$S_1 \ : \ (t_{11},\delta_{11},R_{11}),(t_{12},\delta_{12},R_{12}),\cdots,(t_{1m_1},\delta_{1m_1},R_{1m_1})$$

$$S_2 \ : \ (t_{21},\delta_{21},R_{21}),(t_{22},\delta_{22},R_{22}),\cdots,(t_{2m_2},\delta_{2m_2},R_{2m_2})$$

$$\cdots\cdots$$

$$S_k \ : \ (t_{k1},\delta_{k1},R_{k1}),(t_{k2},\delta_{k2},R_{k2}),\cdots,(t_{km_k},\delta_{km_k},R_{km_k})$$

其中 $t_{i1}, t_{i2},\cdots, t_{im_i}(i=1, 2, \cdots, k)$ 是次序统计量，$\delta_{im_i} \in \{1,2\}(i=1,2,\cdots,k)$ 是失效机理编号，并且满足关系式：$I_j\left(\delta_{im_i}\right)=\begin{cases}1,\delta_{im_i}=j\\0,\delta_{im_i}\neq j\end{cases}$，其中 $I_j(\delta_{im_i})$ 称为指示函数。

3.3 模型参数的 MLEs 统计分析

3.3.1 模型参数的点估计

上述模型在基本假设下，加速应力水平 S_i，基于第 j 个失效机理下获得试验数据，建立似然函数为：

$$L_{ij} = C\prod_{l=1}^{m_i}\left[f_{ij}\left(t_{il}\right)\right]^{I_j(\delta_{il})}\left[1-F_{ij}\left(t_{il}\right)\right]^{1-I_j(\delta_{il})}\left[1-F_{ij}\left(t_{il}\right)\right]^{R_{il}} \tag{3-4}$$

将公式（3-1）和公式（3-2）代入公式（3-4）得，

$$L_{ij} = C\alpha_j^{n_{ij}}\lambda_{ij}^{n_{ij}}\left(\prod_{l=1}^{m_i}t_{il}^{I_j(\delta_{il})}\right)^{-(\alpha_j+1)}\exp\left(-\sum_{l=1}^{m_i}\lambda_{ij}t_{il}^{-\alpha_j}I_j\left(\delta_{il}\right)\right)$$

$$\times\prod_{l=1}^{m_i}\left(1-\exp\left(-\lambda_{ij}t_{il}^{-\alpha_j}\right)\right)^{(1-I_j(\delta_{il})+R_{il})} \tag{3-5}$$

式中 C 为一个常数，$n_{ij}=\sum_{l=1}^{m_i}I_j(\delta_{il})\geqslant 0$ 表示在加速应力水平 S_i 下，由第 j 个失效机理导致产品失效的样本总数，则

$$L_j = \prod_{i=1}^{k}L_{ij} \propto \alpha_j^{\sum_{i=1}^{k}n_{ij}}\left(\prod_{i=1}^{k}\lambda_{ij}^{n_{ij}}\right)\left[\prod_{i=1}^{k}\prod_{l=1}^{m_i}t_{il}^{I_j(\delta_{il})}\right]^{-(\alpha_j+1)}$$

$$\times\exp\left[-\sum_{i=1}^{k}\sum_{l=1}^{m_i}\lambda_{ij}t_{il}^{-\alpha_j}I_j\left(\delta_{il}\right)\right]\cdot\left\{\prod_{i=1}^{k}\prod_{l=1}^{m_i}\left[1-\exp\left(-\lambda_{ij}t_{il}^{-\alpha_j}\right)\right]^{1-I_j(\delta_{il})+R_{il}}\right\} \tag{3-6}$$

$$\mathrm{L} = \prod_{j=1}^{2}L_j \tag{3-7}$$

根据似然函数公式（3-6）和公式（3-7），参数的最大似然估计法可通过极大化对数似然函数得到。则对数似然函数公式如下：

$$l_j = \ln L_j \propto \sum_{i=1}^{k} n_{ij} \ln \alpha_j + \sum_{i=1}^{k} n_{ij} \ln \lambda_{ij} - (\alpha_j + 1) \left(\sum_{i=1}^{k} \sum_{l=1}^{m_i} \left(I_j(\delta_{ij}) \ln t_{il} \right) \right)$$

$$+ \sum_{i=1}^{k} \sum_{l=1}^{m_i} \left(1 - I_j(\delta_{ij}) + R_{il} \right) \ln \left(1 - \exp\left(-\lambda_{ij} t_{il}^{-\alpha_j} \right) \right) \tag{3-8}$$

$$l = \sum_{j=1}^{2} l_j \tag{3-9}$$

通过对数似然函数 l 分别对 α_j，λ_{ij} 求偏导数，并令其等于零，则

$$\frac{\partial l}{\partial \alpha_j} = \frac{\sum_{i=1}^{k} n_{ij}}{\alpha_j} - \sum_{i=1}^{k} \sum_{l=1}^{m_i} I_j(\delta_{ij}) \ln t_{il} + \sum_{i=1}^{k} \sum_{l=1}^{m_i} \lambda_{ij} t_{il}^{-\alpha_j} I_j(\delta_{ij}) \ln t_{il}$$

$$- \sum_{i=1}^{k} \sum_{l=1}^{m_i} \frac{\left(1 - I_j(\delta_{ij}) + R_{il} \right) \exp\left(-\lambda_{ij} t_{il}^{-\alpha_j} \right) \lambda_{ij} t_{il}^{-\alpha_j} \ln t_{il}}{1 - \exp\left(-\lambda_{ij} t_{il}^{-\alpha_j} \right)} = 0 \tag{3-10 a}$$

$$\frac{\partial l_j}{\partial \lambda_{ij}} = \frac{\sum_{i=1}^{k} n_{ij}}{\lambda_{ij}} - \sum_{l=1}^{m_i} t_{il}^{-\alpha_j} I_j(\delta_{ij})$$

$$+ \sum_{l=1}^{m_i} \frac{\left(1 - I_j(\delta_{ij}) + R_{il} \right) \exp\left(-\lambda_{ij} t_{il}^{-\alpha_j} \right) t_{il}^{-\alpha_j}}{1 - \exp\left(-\lambda_{ij} t_{il}^{-\alpha_j} \right)} = 0 \tag{3-10 b}$$

理论上，联立方程组求解即可得到 α_j，λ_{ij} 的估计值 $\hat{\alpha}_j$，$\hat{\lambda}_{ij}$，但是公式（3-10）比较复杂，在实际求解过程中得不到参数的显式表达式。有许多数值方法可以解此方程组，比如可采用牛顿-拉弗森（Newton-Raphson）迭代法进行求解。

3.3.2　模型参数的置信区间估计

3.3.2.1　渐进置信区间

记参数向量为 $\boldsymbol{\Theta}_j = (\alpha_j, \lambda_{1j}, \lambda_{2j}, \cdots, \lambda_{kj})$，根据似然函数，对数似然函数 l 分别对参数 α_j，λ_{ij} 求二阶偏导数公式，如下所示：

$$I_{ii} = \frac{\partial^2 l_j}{\partial^2 \lambda_{ij}^2} = -\frac{\sum_{i=1}^{k} n_{ij}}{\lambda_{ij}^2} - \sum_{l=1}^{m_i} \frac{\left(1 - I_j(\delta_{ij}) + R_{il} \right) \exp\left(-\lambda_{ij} t_{il}^{-\alpha_j} \right) t_{il}^{-2\alpha_j}}{\left(1 - \exp\left(-\lambda_{ij} t_{il}^{-\alpha_j} \right) \right)^2} \tag{3-11 a}$$

$$I_{i(k+1)} = \frac{\partial^2 l_j}{\partial \lambda_{ij} \partial \alpha_j} = \sum_{l=1}^{m_i} t_{il}^{-\alpha_j} I_j(\delta_{ij}) \ln t_{il}$$

$$+ \sum_{l=1}^{m_i} \frac{(1 - I_j(\delta_{ij}) + R_{il}) t_{il}^{-\alpha_j} \ln t_{il} \exp(-\lambda_{ij} t_{il}^{-\alpha_j})(\exp(-\lambda_{ij} t_{il}^{-\alpha_j}) - 1 + \lambda_{ij} t_{il}^{-\alpha_j})}{(1 - \exp(-\lambda_{ij} t_{il}^{-\alpha_j}))^2} \qquad (3\text{-}11\ b)$$

$$I_{(k+1)(k+1)} = \frac{\partial^2 l_j}{\partial^2 \alpha_j^2} = -\frac{\sum_{i=1}^{k} n_{ij}}{\alpha_j^2} - \sum_{i=1}^{k} \sum_{l=1}^{m_i} \lambda_{ij} t_{il}^{-\alpha_j} I_j(\delta_{ij})(\ln t_{il})^2$$

$$- \sum_{i=1}^{k} \sum_{l=1}^{m_i} \frac{(1 - I_j(\delta_{ij}) + R_{il}) \lambda_{ij} (\ln t_{il})^2 t_{il}^{-\alpha_j} \exp(-\lambda_{ij} t_{il}^{-\alpha_j})(\exp(-\lambda_{ij} t_{il}^{-\alpha_j}) - 1 + \lambda_{ij} t_{il}^{-\alpha_j})}{(1 - \exp(-\lambda_{ij} t_{il}^{-\alpha_j}))^2} \qquad (3\text{-}11\ c)$$

$$I_{ij} = I_{ji} = 0 \qquad\qquad (3\text{-}11\ d)$$

$$I_{i(k+1)} = I_{(k+1)i} = 0 \qquad\qquad (3\text{-}11\ e)$$

则可以得到参数的Fisher信息矩阵$\hat{I}(\boldsymbol{\Theta}_j)$，表示如下：

$$\hat{I}(\boldsymbol{\Theta}_j) = \begin{pmatrix} \hat{I}_{11} & \cdots & \hat{I}_{1(k+1)} \\ \vdots & \ddots & \vdots \\ \hat{I}_{(k+1)1} & \cdots & \hat{I}_{(k+1)(k+1)} \end{pmatrix} \qquad (3\text{-}12)$$

式中

$$\hat{I}_{ii} = -\frac{\partial^2 l}{\partial \lambda_{ij}^2} \bigg|_{\lambda_{ij} = \hat{\lambda}_{ij}} \qquad (j = 1, 2) \qquad (3\text{-}13\ a)$$

$$\hat{I}_{i(k+1)} = -\frac{\partial^2 l}{\partial \lambda_{ij} \partial \alpha_j} \bigg|_{\lambda_{ij} = \hat{\lambda}_{ij}, \alpha_j = \hat{\alpha}_j} \qquad (j = 1, 2) \qquad (3\text{-}13\ b)$$

$$\hat{I}_{(k+1)(k+1)} = -\frac{\partial^2 l}{\partial \alpha_j^2} \bigg|_{\alpha_j = \hat{\alpha}_j} \qquad (j = 1, 2) \qquad (3\text{-}13\ c)$$

$$\hat{I}_{ih} = \hat{I}_{hi} = 0 (i = 1, 2, \cdots, k; h = i+1, i+2, \cdots, k) \qquad (3\text{-}13\ d)$$

$$\hat{I}_{i(k+1)} = \hat{I}_{(k+1)i} = 0 (i = 1, 2, \cdots, k) \qquad (3\text{-}13\ e)$$

参数的方差-协方差矩阵可以用其观测的Fisher信息矩阵$\hat{I}(\boldsymbol{\Theta}_j)$的逆近似，即：

$$\hat{V}(\boldsymbol{\Theta}_j) = \begin{pmatrix} I_{11} & \cdots & I_{1(k+1)} \\ \vdots & \ddots & \vdots \\ I_{(k+1)1} & \cdots & I_{(k+1)(k+1)} \end{pmatrix}^{-1} \approx \hat{I}(\boldsymbol{\Theta}_j)^{-1} \qquad (3\text{-}14)$$

有上述公式可以得到置信度为$100(1-\gamma)\%$的近似正态置信区间为

$$\left(\hat{\lambda}_{ij} - z_{\gamma/2} \sqrt{\hat{V}_{ii}}, \hat{\lambda}_{ij} + z_{\gamma/2} \sqrt{\hat{V}_{ii}} \right) \qquad (3\text{-}15\ a)$$

$$\left(\hat{\alpha}_j - z_{\gamma/2}\sqrt{\hat{V}_{(k+1)(k+1)}}, \hat{\alpha}_j + z_{\gamma/2}\sqrt{\hat{V}_{(k+1)(k+1)}} \right) \tag{3-15 b}$$

式中$Z_{\gamma/2}$是标准正态分布的$\gamma/2$分位点。

3.3.2.2 Bootstrap 置信区间

经典的区间估计方法，一般采用枢轴量构造参数的置信区间，也可以采用 Efron[131]提出的Bootstrap方法估计以上各参数的置信区间。该方法是利用自助样本估计未知概率测度的某种统计量的性质，核心思想是从原始样本中有放回地重复取样，得到样本称为Bootstrap样本。这种方法不需要额外的信息，从本质上讲是一种非参估计，具有很大的实际应用价值。由于Bootstrap方法涉及大量的重复模拟计算，它的发展在很大程度上依赖计算机的发展。

下面给出获得Bootstrap样本以及由此获得的置信区间步骤，具体如下：

步骤一：随机生成基于渐进Ⅱ型截尾下恒定应力加速寿命试验数据 $(t_{i1},\delta_{i1},R_{i1}),(t_{i2},\delta_{i2},R_{i2}),\cdots,(t_{im_i},\delta_{im_i},R_{im_i})(i=1,2,\cdots,k)$，计算参数的极大似然估计值 $\hat{\alpha}_j,\hat{\lambda}_{ij}(i=1,2,\cdots,k,j=1,2)$，记为$\hat{\mathbf{\Theta}}_j=(\hat{\alpha}_j,\hat{\lambda}_{1j},\hat{\lambda}_{2j},\cdots,\hat{\lambda}_{kj})(j=1,2)$；

步骤二：基于$\hat{\mathbf{\Theta}}_j$，重新随机生成逐步Ⅱ型截尾试验下的观测数据 $(t^*_{i1},\delta^*_{i1},R^*_{i1}),(t^*_{i2},\delta^*_{i2},R^*_{i2}),\cdots,(t^*_{im_i},\delta^*_{im_i},R^*_{im_i})(i=1,2,\cdots,k)$，即产生一个Bootstrap样本。根据公式（3-10）重新计算这个样本下的对应参数的极大似然估计值，并记为$\hat{\mathbf{\Theta}}_j^{*[1]}=(\hat{\alpha}_j^{(1)},\hat{\lambda}_1^{(1)},\hat{\lambda}_2^{(1)},\cdots,\hat{\lambda}_k^{(1)})(j=1,2)$；

步骤三：重复步骤二（B-1）次，得到B组参数$\hat{\mathbf{\Theta}}_j$的极大似然估计值，记为 $\hat{\mathbf{\Theta}}_j^{*[m]}(j=1,2;m=2,\cdots,B)$；

步骤四：对于$\hat{\mathbf{\Theta}}_j^{*[m]}(j=1,2;m=1,\cdots,B)$按升序进行排列，得到 $\hat{\lambda}_{ij}^{*[1]}<\hat{\lambda}_{ij}^{*[2]}<\cdots<\hat{\lambda}_{ij}^{*[B]}$和$\hat{\alpha}_j^{*[1]}<\hat{\alpha}_j^{*[2]}<\cdots<\hat{\alpha}_j^{*[B]}$；

步骤五：计算置信度为$100(1-\gamma)\%$的置信区间为：

$$\left(\hat{\lambda}_{ij}^{*[B*\gamma/2]},\ \hat{\lambda}_{ij}^{*[B*(1-\gamma/2)]} \right) \tag{3-16 a}$$

$$\left(\hat{\alpha}_j^{*[B*\gamma/2]},\ \hat{\alpha}_j^{*[B*(1-\gamma/2)]} \right) \tag{3-16 b}$$

根据基本假设4，将$\hat{\lambda}_{i1}$和$\hat{\lambda}_{i2}$代入公式（3-3）中，根据高斯-马尔科夫（Gauss-Markov）定理可得到参数a_j和$b_j(j=1,2)$的最小二乘法估计：

$$\hat{a}_j = \frac{\ln\hat{\lambda}_{1j}\varphi(S_2)-\ln\hat{\lambda}_{2j}\varphi(S_1)}{\varphi(S_2)-\varphi(S_1)} \tag{3-17 a}$$

$$\hat{b}_j = \frac{\ln\hat{\lambda}_{2j}-\ln\hat{\lambda}_{1j}}{\varphi(S_2)-\varphi(S_1)} \tag{3-17 b}$$

式中$\varphi(S_1)=1/S_1$，$\varphi(S_2)=1/S_2$。

3.4　数值模拟与分析

3.4.1　数值模拟

本小节中用MCMC算法来模拟上述加速寿命模型参数估计方法以及置信区间估计方法。在模拟试验中，加速应力强度分别为$S_1=200K$和$S_2=250K$，加速模型中参数真值分别为$a_1=1.6$，$b_1=600$，$a_2=-1.5$和$b_2=1000$，则在第一种失效机理下的加速模型可表示为$\ln\lambda_{i1}=1.6+600/S_i$，在第二种失效机理下的加速模型可表示为$\ln\lambda_{i2}=-1.5+1000/S_i$。由此可以得到初始的尺度参数真值分布为$\lambda_{11}=99.5$，$\lambda_{12}=33.1$，$\lambda_{21}=54.6$和$\lambda_{22}=12.2$。同时令初始形状参数为$a_1=1.2$和$a_2=0.8$。试验样本数$n$分别选为$n=40$，$n=60$和$n=80$。在每次截尾试验中截尾比例$p$分别为$p=0.4$，$p=0.5$和$p=0.6$，试验次数$N=1000$。

对于不同的参数估计将通过均方误差（Mean Square Errors，MSEs）性能指标进行比较，公式如下：

$$MSE_{\lambda_{ij}}=\sqrt{\frac{1}{N}\sum_{k=1}^{N}\left(\lambda_{ij}-\hat{\lambda}_{ij}^{(k)}\right)^2} \tag{3-18 a}$$

$$MSE_{\alpha_j}=\sqrt{\frac{1}{N}\sum_{k=1}^{N}\left(\alpha_j-\hat{\alpha}_j^{(k)}\right)^2} \tag{3-18 b}$$

其中$\hat{\lambda}_{ij}^{(k)}$，$\hat{\alpha}_j^{(k)}$分别是参数$\lambda_{ij}(i=1,2;j=1,2)$，$\alpha_j$的第$k$次极大似然估计值。

数据模拟步骤如下：

步骤一：基于不同的试验样本数n和截尾比例p，随机产生渐进 II 型截尾样本。根据公式（3-10）分别计算参数的极大似然估计值$\hat{\alpha}_j$，$\hat{\lambda}_{ij}(i,j=1,2)$，同时根据公式（3-15）和公式（3-16），计算参数的ACIs和BCIs的95%的置信区间，公式中的$B=1000$；

步骤二：重复步骤一N次，根据公式（3-18）计算参数$\hat{\alpha}_j$，$\hat{\lambda}_{ij}(i,j=1,2)$的MSEs，试验结果见表3-1。同时计算参数$\hat{\alpha}_j$，$\hat{\lambda}_{ij}(i,j=1,2)$的95%的置信区间的覆盖率（Coverage Probabilities，CPs），试验结果见表3-2至表3-4。

表3-1 参数的极大似然估计值

n	p	n_1	n_2	α_1	α_2	λ_{11}	λ_{12}	λ_{21}	λ_{22}
40		24	16	0.116	0.101	4.88	1.01	1.89	0.98
60	0.4	36	24	0.104	0.098	4.23	0.89	1.57	0.90
80		48	32	0.099	0.089	3.65	0.77	1.32	0.78
40		24	16	0.136	0.115	5.27	1.47	2.24	1.17
60	0.5	36	24	0.128	0.103	4.89	1.28	2.18	1.02
80		48	32	0.115	0.094	3.98	1.16	1.97	0.89
40		24	16	0.151	0.120	5.48	1.98	2.69	1.52
60	0.6	36	24	0.139	0.115	5.03	1.77	2.55	1.36
80		48	32	0.120	0.103	4.90	1.56	2.14	1.10

表3-2 $p=0.4$ 时参数 95% 置信区间的覆盖率

参数		$n=40$	$n=60$	$n=80$
α_1	ACIs	0.935	0.940	0.947
	BCIs	0.933	0.942	0.951
α_2	ACIs	0.925	0.930	0.936
	BCIs	0.924	0.932	0.938
λ_{11}	ACIs	0.942	0.949	0.954
	BCIs	0.940	0.951	0.957
λ_{12}	ACIs	0.947	0.952	0.956
	BCIs	0.945	0.955	0.957
λ_{21}	ACIs	0.935	0.940	0.947
	BCIs	0.933	0.945	0.951
λ_{22}	ACIs	0.953	0.958	0.962
	BCIs	0.948	0.963	0.966

表3-3 $p=0.5$ 时参数 95% 置信区间的覆盖率

参数		$n=40$	$n=60$	$n=80$
α_1	ACIs	0.928	0.930	0.935
	BCIs	0.930	0.933	0.940
α_2	ACIs	0.922	0.925	0.930
	BCIs	0.920	0.926	0.932
λ_{11}	ACIs	0.939	0.947	0.951
	BCIs	0.938	0.946	0.954

参数		$n=40$	$n=60$	$n=80$
λ_{12}	ACIs	0.943	0.947	0.952
	BCIs	0.941	0.950	0.955
λ_{21}	ACIs	0.930	0.933	0.940
	BCIs	0.931	0.936	0.945
λ_{22}	ACIs	0.949	0.954	0.959
	BCIs	0.945	0.955	0.961

表3-4　$p=0.6$时参数95%置信区间的覆盖率

参数		$n=40$	$n=60$	$n=80$
α_1	ACIs	0.921	0.924	0.929
	BCIs	0.918	0.920	0.931
α_2	ACIs	0.919	0.923	0.927
	BCIs	0.917	0.924	0.930
λ_{11}	ACIs	0.935	0.941	0.946
	BCIs	0.937	0.943	0.951
λ_{12}	ACIs	0.936	0.942	0.945
	BCIs	0.932	0.941	0.944
λ_{21}	ACIs	0.928	0.931	0.937
	BCIs	0.925	0.934	0.943
λ_{22}	ACIs	0.945	0.948	0.957
	BCIs	0.942	0.952	0.960

3.4.2　模拟数值分析

通过上述的模拟结果，可以得到如下结论：

（1）由表3-1可以看出，当截尾比例p确定时，随着模拟样本数n的增加，参数的极大似然估计值$\hat{\alpha}_j$，$\hat{\lambda}_{ij}(i,j=1,2)$更接近于真值，即表现为参数估计的MSEs更加小。

（2）由表3-1可以看出，当模拟样本数n确定时，随着截尾比例p的减小，参数的极大似然估计值$\hat{\alpha}_j$，$\hat{\lambda}_{ij}(i,j=1,2)$更接近于真值，即表现为参数估计的MSEs更加小。

（2）由表3-2至表3-4可以看出，当截尾比例p确定时，随着模拟样本数n的增加，置信度为95%的ACIs比BCIs的区间覆盖率在增大，并且BCIs的区间覆盖率略高于ACIs的区间覆盖率。

（3）由表3-2至表3-4可以看出，当样本数n确定时，随着截尾比例p增加，置信度为95%的ACIs比BCIs的区间覆盖率在减小，并且BCIs的区间覆盖率略高于ACIs的区间覆盖率。

3.5　实际算例

本小节中将使用实际算例来说明上述模型的可行性。实际数据来源于文献[132]是电动机的绝缘系统的数据。数据含有2种失效模式：Turn failure(T) 和 Ground failure (G)，分别记为模式1和模式2。数据中涉及2种应力水平：S_1=220℃和S_2=240℃，数据见表3-5。根据上述模型估计方法和公式（3-17），可以得到模型参数估计值：a_1=11.6，b_1=9.8，a_2=−1.5和b_2=−2.4。

表 3-5　电动机绝缘系统数据

温度	失效时间（失效模式）(1=Turu；2=Ground)
220℃	1764(1), 2436(1), 2436(2), 2436(1), 2436(2) 2436(1), 3180(1), 3180(1), 3180(1), 3180(1)
240℃	1175(2), 1175(2), 1521(1), 1569(1), 1617(1) 1665(1), 1665(1), 1713(1), 1761(1), 1953(1)

3.6　本章小结

本章研究了恒定应力加速竞争失效模型的统计分析和可靠性研究，其中假定失效机理是相互独立的。通过经典统计方法——MLEs对模型参数的点估计和置信区间估计利用MSEs和CPs统计量进行比较。通过数值模拟结果可以看出，当截尾比例p确定时，随着模拟样本数n的增加，参数的极大似然估计值$\hat{\alpha}_j$，$\hat{\lambda}_{ij}(i,j=1,2)$更接近于真值并且置信区间的覆盖率增加，而当模拟样本数n确定时，随着截尾比例p的减小，参数的极大似然估计值$\hat{\alpha}_j$，$\hat{\lambda}_{ij}(i,j=1,2)$更接近于真值且置信区间的覆盖率增加。最后通过电动机的绝缘系统的数据为实例，利用上述提出的竞争失效模型完成了可靠性估计和寿命预测，表明本章应用研究具有一定有效性和实用性。

4 Copula 理论下的恒定应力加速相依竞争失效模型的产品可靠性研究

4.1 引言

随着科学技术的不断发展，产品的失效机理日趋复杂，对于竞争失效模型的研究主要分为失效机理独立和失效机理相关两种情况，在第三章中恒定应力加速竞争失效模型的可靠性研究中假设失效机理是相互独立的，但是考虑到复杂产品的不同失效机理之间具有一定相关性，因此在本章研究中考虑失效机理相依。数理统计上变量间相关性体现在其变量的联合分布函数上，目前涉及的相依关系分析的方法众多，传统意义上的相关性，即线性相关系数是比较容易获得的，但已经不能满足实际应用的需求。Copula理论是由Sklar提出来的，为变量间相关结构的研究提供了一个新的路径。Sklar定理是Copula理论在统计中的应用基础，Sklar定理阐明了Copula函数在多维分布函数和其一维边缘分布的关系中所起到的连接作用，Sklar定理展示了联合分布函数是由Copula函数和边缘分布函数作用生成的，Sklar定理和Copula函数相辅相成。Copula函数具有灵活、稳健等优点，现在已经成为度量多个变量之间相依性的一个有效的工具，在本章中根据Copula函数尾部相关性特征引入二维Clayton Copula函数，构建联合分布函数，对恒定应力加速相依竞争失效模型进行可靠性研究。

本章将在逐步Ⅱ型截尾下进行相依竞争失效试验，并通过试验失效数据对模型进行统计分析。首先，基于Copula函数建立恒定应力加速相依竞争失效模型，利用经典统计方法——MLEs对模型参数进行点估计、渐进置信区间估计和Bootstrap置信区间估计。其次，通过MCMC算法来模拟上述模型参数估计以及置信区间的估计，并给出试验数值分析。最后，用电动机的绝缘系统的数据为实例，基于Copula理论进行相依竞争失效模型的估计，通过对实际数据进行统计分析，完成了可靠性估计和寿命预测。

4.2 寿命模型描述

4.2.1 基本假设

本章的讨论基于以下三个基本假设:

假设 1 试验样本的失效机理有两种并且失效机理之间是相互关联的,用二维 Clayton Copula 函数来描述两个失效机理之间的相关性,见公式(2-29)。而且样本的失效只由其中一种失效机理引起。这两种失效机理发生的时间分别记为 T_1 和 T_2,则样本的寿命记为 $T = \min\{T_1, T_2\}$。

假设 2 样本寿命 $T_j(j=1,2)$ 服从的是尺度参数为 λ_{ij} 的指数分布(Exponential Distribution, ED),其 CDF 和 PDF 分别为:

$$F_{ij}(t; \lambda_{ij}) = 1 - \exp(-\lambda_{ij}t) \tag{4-1}$$

$$f_{ij}(t; \lambda_{ij}) = \lambda_{ij}\exp(-\lambda_{ij}t) \tag{4-2}$$

式中 $t > 0, \lambda_{ij} > 0, i = 1, 2, \cdots, k, j = 1, 2$。

根据假设 1 和假设 2,在加速应力水平 S_i 的样本寿命的生存函数为:

$$S_i(t) = \left[\exp(\theta\lambda_{i1}t) + \exp(\theta\lambda_{i2}t) - 1\right]^{-1/\theta} \tag{4-3}$$

式中 $\theta > 0$。

假设 3 在加速应力水平 S_i 下,尺度参数 λ_{ij} 满足下列关系:

$$\ln\lambda_{ij} = a_j + b_j\varphi(S_i)(i = 1, 2, \cdots, k; j = 1, 2) \tag{4-4}$$

式中 a_j 和 b_j 是未知的系数参数,$\varphi(S_i)$ 是关于加速应力水平 S_i 的递减函数。当加速应力为温度时,$\varphi(S_i) = 1/S_i$,加速模型为 Arrhenius 模型,本章中选用 Arrhenius 模型。

4.2.2 模型描述

假设正常应力水平为 S_0,加速应力水平为 S_1, S_2, $\cdots$, S_k,且都高于正常应力水平 S_0,并假设 $S_0 < S_1 < \cdots < S_k$。逐步 Ⅱ 型截尾下恒定应力加速寿命试验(CSALT)过程如下:将 n 个试验样本随机分成 k 组,每组的样本个数记为 $n_i(i = 1, 2, \cdots, k)$,并且满足 $n_1 + n_2 + \cdots + n_k = n$。对于引起每个试验样本的失效机理有两种并且失效机理之间是相依的。在每一个加速应力水平下,通过渐进 Ⅱ 型截尾方案获得试验数据。具体试验步骤如下:在加速应力水平 $S_i(i = 1, 2, \cdots, k)$ 下,事先给定试验终

止的失效样本数量$m_i(m_i < n_i)$和逐步移走的样品数R_{i1}，R_{i2}，$\cdots$，R_{im_i}，并且满足$m_i + R_{i1} + R_{i2} + \cdots + R_{im_i} = n_i$。试验开始，当第一个失效样本产生时，从剩余的未失效的试验样本中随机移除R_{i1}个试验样本，并根据失效模式记录下观测的样本数据$(t_{i1}, \delta_{i1}, R_{i1})$，然后继续进行试验，同样当第二个失效样本产生时，从剩余的未失效的试验样本中随机移除R_{i2}个试验样本，并根据失效模式记录下观测的样本数据$(t_{i2}, \delta_{i2}, R_{i2})$，依次进行试验直至第$m_i$个失效试验样本产生，将剩余的未失效的试验样本$R_{im_i}$全部移除试验，试验结束。最终得到的试验数据为：

$$S_1 : (t_{11}, \delta_{11}, R_{11}), (t_{12}, \delta_{12}, R_{12}), \cdots, (t_{1m_1}, \delta_{1m_1}, R_{1m_1})$$

$$S_2 : (t_{21}, \delta_{21}, R_{21}), (t_{22}, \delta_{22}, R_{22}), \cdots, (t_{2m_2}, \delta_{2m_2}, R_{2m_2})$$

$$\cdots\cdots$$

$$S_k : (t_{k1}, \delta_{k1}, R_{k1}), (t_{k2}, \delta_{k2}, R_{k2}), \cdots, (t_{km_k}, \delta_{km_k}, R_{km_k})$$

其中t_{i1}，t_{i2}，$\cdots$，$t_{im_i}(i=1, 2, \cdots, k)$是次序统计量，$\delta_{im_i} \in \{1, 2\}(i=1, 2, \cdots, k)$是失效机理编号，并且满足关系式：$I_j(\delta_{im_i}) = \begin{cases} 1, \delta_{im_i} = j \\ 0, \delta_{im_i} \neq j \end{cases}$，其中$I_j(\delta_{im_i})$称为指示函数。

4.3　模型参数的MLEs统计分析

4.3.1　模型参数点估计

寿命分布模型在基本假设下，在加速应力水平S_i下的似然函数为：

$$L_i = \prod_{l=1}^{m_i} \left\{ \left[\left. \frac{\partial C(u,v)}{\partial u} \right|_{\substack{u=S_{i1}(t_{il}) \\ v=S_{i2}(t_{il})}} f_{i1}(t_{il}) \right]^{I_1(\delta_{il})} \left[\left. \frac{\partial C(u,v)}{\partial v} \right|_{\substack{u=S_{i1}(t_{il}) \\ v=S_{i2}(t_{il})}} f_{i2}(t_{il}) \right]^{I_2(\delta_{il})} S_i(t_{il})^{R_{il}} \right\} \quad (4-5)$$

式中$S_{i1}(t_{il}) = \exp(-\lambda_{i1}t_{il})$，$S_{i2}(t_{il}) = \exp(-\lambda_{i2}t_{il})$。

把公式（4-1）和公式（4-3）代入公式（4-5）得：

$$L_i = \prod_{l=1}^{m_i} \lambda_{i1}^{I_1(\delta_{il})} \lambda_{i2}^{I_2(\delta_{il})} \left[\exp(\theta\lambda_{i1}t_{il}) + \exp(\theta\lambda_{i2}t_{il}) - 1 \right]^{-\frac{1}{\theta}-1} \times \exp\left[\theta\lambda_{i1}t_{il}I_1(\delta_{il}) \right]$$

$$\times \exp\left[\theta\lambda_{i2}t_{il}I_2(\delta_{il}) \right] \times \left[\exp(\theta\lambda_{i1}t_{il}) + \exp(\theta\lambda_{i2}t_{il}) - 1 \right]^{-\frac{R_{il}}{\theta}} \quad (4-6\,a)$$

$$L = \prod_{i=1}^{k} L_i \quad (4-6\,b)$$

根据似然函数公式（4-6），参数的最大似然估计法（MLE）可通过极大化对数似然函数得到。对数似然函数公式如下：

$$l_i = \ln L_i = q_{i1} \ln \lambda_{i1} + q_{i2} \ln \lambda_{i2} + \theta \lambda_{i1} \sum_{l=1}^{m_i} t_{il} I_1(\delta_{il}) + \theta \lambda_{i2} \sum_{l=1}^{m_i} t_{il} I_2(\delta_{il})$$

$$- \sum_{l=1}^{m_i} \frac{1 + \theta + R_{il}}{\theta} \ln \left[\exp(\theta \lambda_{i1} t_{il}) + \exp(\theta \lambda_{i2} t_{il}) - 1 \right] \tag{4-7 a}$$

$$l = \sum_{i=1}^{k} l_i \tag{4-7 b}$$

式中 $q_{i1} = \sum_{l=1}^{m_i} I_1(\delta_{il})$ 和 $q_{i2} = \sum_{l=1}^{m_i} I_2(\delta_{il})$。

对数似然函数 l 分别对 θ，λ_{i1} 和 λ_{i2} 求一阶偏导数，并令其等于零，则

$$\frac{\partial l}{\partial \lambda_{i1}} = \frac{q_{i1}}{\lambda_{i1}} + \theta \sum_{l=1}^{m_i} t_{il} I_1(\delta_{il})$$

$$- \sum_{l=1}^{m_i} (1 + \theta + R_{il}) \times \frac{t_{il} \exp(\theta \lambda_{i1} t_{il})}{\exp(\theta \lambda_{i1} t_{il}) + \exp(\theta \lambda_{i2} t_{il}) - 1} = 0 \tag{4-8 a}$$

$$\frac{\partial l}{\partial \lambda_{i2}} = \frac{q_{i2}}{\lambda_{i2}} + \theta \sum_{l=1}^{m_i} t_{il} I_2(\delta_{il})$$

$$- \sum_{l=1}^{m_i} (1 + \theta + R_{il}) \times \frac{t_{il} \exp(\theta \lambda_{i2} t_{il})}{\exp(\theta \lambda_{i1} t_{il}) + \exp(\theta \lambda_{i2} t_{il}) - 1} = 0 \tag{4-8 b}$$

$$\frac{\partial l}{\partial \theta} = \sum_{i=1}^{k} \left\{ \lambda_{i1} \sum_{l=1}^{m_i} t_{il} I_1(\delta_{il}) + \lambda_{i2} \sum_{l=1}^{m_i} t_{il} I_2(\delta_{il}) \right.$$

$$- \sum_{l=1}^{m_i} \frac{(1 + \theta + R_{il})}{\theta} \times \frac{\left[\exp(\theta \lambda_{i1} t_{il}) \lambda_{i1} + \exp(\theta \lambda_{i2} t_{il}) \lambda_{i2} \right] \times t_{il}}{\exp(\theta \lambda_{i1} t_{il}) + \exp(\theta \lambda_{i2} t_{il}) - 1}$$

$$\left. + \sum_{l=1}^{m_i} \frac{1 + R_{il}}{\theta^2} \times \ln \left[\exp(\theta \lambda_{i1} t_{il}) + \exp(\theta \lambda_{i2} t_{il}) - 1 \right] \right\} = 0 \tag{4-8 c}$$

式中 $i = 1, 2, \cdots, k$。

理论上，联立方程组求解即可得到 θ，λ_{i1} 和 λ_{i2} 的估计值分布为 $\hat{\theta}$，$\hat{\lambda}_{i1}$ 和 $\hat{\lambda}_{i2}$，但是在实际求解过程中，公式（4-8）比较复杂，很难甚至得不到参数的显式表达式。有许多数值方法可以解此方程组，比如可采用牛顿-拉弗森（Newton-Raphson）迭代法进行求解。

4.3.2　模型参数的置信区间估计

4.3.2.1　近似置信区间

令参数向量为 $\boldsymbol{\Theta}_j = (\theta, \lambda_{1j}, \lambda_{2j}, \cdots, \lambda_{kj})(j = 1, 2)$，根据似然函数公式（4-7），对数似然函数 l 分别对 θ，λ_{i1} 和 λ_{i2} 求二阶偏导数，公式如下所示：

$$\frac{\partial^2 l}{\partial \lambda_{i1}^{\;2}} = -\frac{q_{i1}}{\lambda_{i1}^{\;2}} - \sum_{l=1}^{m_i}\left(1+\theta+R_{il}\right) \times \frac{t_{il}^{\;2}\theta \exp\left(\theta\lambda_{i1}t_{il}\right) \times \left[\exp\left(\theta\lambda_{i2}t_{il}\right)-1\right]}{\left[\exp\left(\theta\lambda_{i1}t_{il}\right)+\exp\left(\theta\lambda_{i2}t_{il}\right)-1\right]^2} \tag{4-9 a}$$

$$\frac{\partial^2 l}{\partial \lambda_{i2}^{\;2}} = -\frac{q_{i2}}{\lambda_{i2}^{\;2}} - \sum_{l=1}^{m_i}\left(1+\theta+R_{il}\right) \times \frac{t_{il}^{\;2}\theta \exp\left(\theta\lambda_{i2}t_{il}\right) \times \left[\exp\left(\theta\lambda_{i1}t_{il}\right)-1\right]}{\left[\exp\left(\theta\lambda_{i1}t_{il}\right)+\exp\left(\theta\lambda_{i2}t_{il}\right)-1\right]^2} \tag{4-9 b}$$

$$\frac{\partial^2 l}{\partial \lambda_{i1}\partial\theta} = \sum_{l=1}^{m_i} t_{il} I_1\left(\delta_{il}\right) - \sum_{l=1}^{m_i}\frac{t_{il}\exp\left(\theta\lambda_{i1}t_{il}\right)}{\exp\left(\theta\lambda_{i1}t_{il}\right)+\exp\left(\theta\lambda_{i2}t_{il}\right)-1}$$
$$-\sum_{l=1}^{m_i}\left(1+\theta+R_{il}\right) \times \frac{t_{il}^{\;2}\exp\left(\theta\lambda_{i1}t_{il}\right) \times \left[\exp\left(\theta\lambda_{i2}t_{il}\right) \times \left(\lambda_{i1}-\lambda_{i2}\right)-\lambda_{i1}\right]}{\left[\exp\left(\theta\lambda_{i1}t_{il}\right)+\exp\left(\theta\lambda_{i2}t_{il}\right)-1\right]^2} \tag{4-9 c}$$

$$\frac{\partial^2 l}{\partial \lambda_{i2}\partial\theta} = \sum_{l=1}^{m_i} t_{il} I_2\left(\delta_{il}\right) - \sum_{l=1}^{m_i}\frac{t_{il}\exp\left(\theta\lambda_{i2}t_{il}\right)}{\exp\left(\theta\lambda_{i1}t_{il}\right)+\exp\left(\theta\lambda_{i2}t_{il}\right)-1}$$
$$-\sum_{l=1}^{m_i}\left(1+\theta+R_{il}\right) \times \frac{t_{il}^{\;2}\exp\left(\theta\lambda_{i2}t_{il}\right) \times \left[\exp\left(\theta\lambda_{i1}t_{il}\right) \times \left(\lambda_{i2}-\lambda_{i1}\right)-\lambda_{i2}\right]}{\left[\exp\left(\theta\lambda_{i1}t_{il}\right)+\exp\left(\theta\lambda_{i2}t_{il}\right)-1\right]^2} \tag{4-9 d}$$

$$\frac{\partial^2 l}{\partial \theta^2} = \sum_{i=1}^{k}\left\{\sum_{l=1}^{m_i}\frac{\left(1+R_{il}\right)}{\theta^2} \times \frac{\left[\exp\left(\theta\lambda_{i1}t_{il}\right)\lambda_{i1}+\exp\left(\theta\lambda_{i2}t_{il}\right)\lambda_{i2}\right] \times t_{il}}{\exp\left(\theta\lambda_{i1}t_{il}\right)+\exp\left(\theta\lambda_{i2}t_{il}\right)-1}\right.$$
$$-\sum_{l=1}^{m_i}\frac{\left(1+\theta+R_{il}\right)}{\theta} \times \frac{t_{il}^{\;2}\left\{\exp\left[\theta t_{il}\left(\lambda_{i1}+\lambda_{i2}\right)\right]\left(\lambda_{i1}-\lambda_{i2}\right)^2-\left[\exp\left(\theta\lambda_{i1}t_{il}\right)\lambda_{i1}^{\;2}+\exp\left(\theta\lambda_{i2}t_{il}\right)\lambda_{i2}^{\;2}\right]\right\}}{\left[\exp\left(\theta\lambda_{i1}t_{il}\right)+\exp\left(\theta\lambda_{i2}t_{il}\right)-1\right]^2}$$
$$-\sum_{l=1}^{m_i}\frac{2\left(1+R_{il}\right)}{\theta^3} \times \ln\left[\exp\left(\theta\lambda_{i1}t_{il}\right)+\exp\left(\theta\lambda_{i2}t_{il}\right)-1\right]$$
$$\left.+\sum_{l=1}^{m_i}\frac{\left(1+R_{il}\right)}{\theta^2} \times \frac{\left[\exp\left(\theta\lambda_{i1}t_{il}\right)\lambda_{i1}+\exp\left(\theta\lambda_{i2}t_{il}\right)\lambda_{i2}\right] \times t_{il}}{\exp\left(\theta\lambda_{i1}t_{il}\right)+\exp\left(\theta\lambda_{i2}t_{il}\right)-1}\right\} \tag{4-9 e}$$

可以得到参数的 Fisher 信息矩阵 $\hat{I}\left(\mathbf{\Theta}_j\right)$，表示如下：

$$\hat{I}\left(\mathbf{\Theta}_j\right) = \begin{pmatrix} \hat{I}_{11} & \cdots & \hat{I}_{1(k+1)} \\ \vdots & \ddots & \vdots \\ \hat{I}_{(k+1)1} & \cdots & \hat{I}_{(k+1)(k+1)} \end{pmatrix} \tag{4-10}$$

式中

$$\hat{I}_{ii} = -\left.\frac{\partial^2 l}{\partial \lambda_{ij}^{\;2}}\right|_{\lambda_{ij}=\hat{\lambda}_{ij}} \quad \left(j=1,2\right) \tag{4-11 a}$$

$$\hat{I}_{i(k+1)} = -\left.\frac{\partial^2 l}{\partial \lambda_{ij}\partial\theta}\right|_{\lambda_{ij}=\hat{\lambda}_{ij},\,\theta=\hat{\theta}} \quad \left(j=1,2\right) \tag{4-11 b}$$

$$\hat{I}_{(k+1)(k+1)} = -\left.\frac{\partial^2 l}{\partial^2 \theta^2}\right|_{\theta=\hat{\theta}} \quad (j=1,2) \tag{4-11 c}$$

$$\hat{I}_{ih} = \hat{I}_{hi} = 0\,(i=1,2,\cdots,k; h=i+1,i+2,\cdots,k) \tag{4-11 d}$$

$$\hat{I}_{i(k+1)} = \hat{I}_{(k+1)i} = 0\,(i=1,2,\cdots,k) \tag{4-11 e}$$

参数的方差-协方差矩阵可以用其观测的 Fisher 信息矩阵 $\hat{I}(\mathbf{\Theta}_j)$ 的逆近似，即

$$\hat{V}(\mathbf{\Theta}_j) = \begin{pmatrix} \hat{I}_{11} & \cdots & \hat{I}_{1(k+1)} \\ \vdots & \ddots & \vdots \\ \hat{I}_{(k+1)1} & \cdots & \hat{I}_{(k+1)(k+1)} \end{pmatrix}^{-1} \approx \hat{I}(\mathbf{\Theta}_j)^{-1} \tag{4-12}$$

由上述公式可以得到置信度为 $100(1-\gamma)\%$ 的近似正态置信区间为

$$\left(\hat{\lambda}_{ij} - z_{\gamma/2}\sqrt{\hat{V}_{ii}}, \hat{\lambda}_{ij} + z_{\gamma/2}\sqrt{\hat{V}_{ii}}\right) \tag{4-13 a}$$

$$\left(\hat{\theta} - z_{\gamma/2}\sqrt{\hat{V}_{(k+1)(k+1)}}, \hat{\theta} + z_{\gamma/2}\sqrt{\hat{V}_{(k+1)(k+1)}}\right) \tag{4-13 b}$$

式中 $Z_{\gamma/2}$ 是标准正态分布的 $\gamma/2$ 分位点。

4.3.2.2　Bootstrap 置信区间

下面给出获得 Bootstrap 样本以及由此获得的置信区间步骤，具体如下：

步骤 一：基于渐进 Ⅱ 型截尾下恒定应力加速寿命试验数据 $(t_{i1},\delta_{i1},R_{i1}),(t_{i2},\delta_{i2},R_{i2}),\cdots,(t_{im_i},\delta_{im_i},R_{im_i})(i=1,2,\cdots,k)$，计算参数的极大似然估计值 $\hat{\theta}$，$\hat{\lambda}_{ij}(i=1,2,\cdots,k;j=1,2)$，记为 $\hat{\mathbf{\Theta}}_j = (\hat{\theta},\hat{\lambda}_{1j},\hat{\lambda}_{2j},\cdots,\hat{\lambda}_{kj})(j=1,2)$；

步骤 二：基于 $\hat{\mathbf{\Theta}}_j$，重新生成逐步 Ⅱ 型截尾试验下的观测数据 $(t^*_{i1},\delta^*_{i1},R^*_{i1}),(t^*_{i2},\delta^*_{i2},R^*_{i2}),\cdots,(t^*_{im_i},\delta^*_{im_i},R^*_{im_i})(i=1,2,\cdots,k)$，即产生一个 Bootstrap 样本。根据公式（4-8）重新计算这个样本下的对应参数的极大似然估计值，并记为 $\hat{\mathbf{\Theta}}_j^{*[1]} = (\hat{\theta}^{(1)},\hat{\lambda}_{1j}^{(1)},\hat{\lambda}_{2j}^{(1)},\cdots,\hat{\lambda}_{kj}^{(1)})(j=1,2)$；

步骤 三：重复步骤二（B-1）次，得到 B 组参数 $\hat{\mathbf{\Theta}}_j$ 的极大似然估计值，记为 $\hat{\mathbf{\Theta}}_j^{*[m]}(j=1,2;m=1,\cdots,B)$；

步骤 四：对于 $\hat{\mathbf{\Theta}}_j^{*[m]}(j=1,2;m=1,\cdots,B)$ 按升序进行排列，得到 $\hat{\lambda}_{ij}^{*[1]} < \hat{\lambda}_{ij}^{*[2]} < \cdots < \hat{\lambda}_{ij}^{*[B]}$ 和 $\hat{\theta}^{*[1]} < \hat{\theta}^{*[2]} < \cdots < \hat{\theta}^{*[B]}$；

步骤 五：计算置信度为 $100(1-\gamma)\%$ 的置信区间为

$$\left(\hat{\lambda}_{ij}^{*[B*\gamma/2]}, \hat{\lambda}_{ij}^{*[B*(1-\gamma/2)]}\right) \tag{4-14 a}$$

$$\left(\hat{\theta}^{*[B*\gamma/2]}, \hat{\theta}^{*[B*(1-\gamma/2)]}\right) \tag{4-14 b}$$

根据基本假设3，将$\hat{\lambda}_{i1}$和$\hat{\lambda}_{i2}$代入公式（4-4）中，根据高斯-马尔科夫（Gauss-Markov）定理可得到参数a_j和b_j的最小二乘法估计：

$$\hat{a}_j = \frac{AD_j - BC_j}{kA - B^2} \qquad （4-15\,a）$$

$$\hat{b}_j = \frac{kC_j - BD_j}{kA - B^2} \qquad （4-15\,b）$$

式中$A = \sum_{i=1}^{k} \varphi^2(S_i)$，$B = \sum_{i=1}^{k} \varphi(S_i)$，$C_j = \sum_{i=1}^{k} \varphi(S_i) \ln \hat{\lambda}_{ij}$，$D_j = \sum_{i=1}^{k} \ln \hat{\lambda}_{ij}$。则$\hat{\lambda}_{ij} = \exp\left[\hat{a}_j + \hat{b}_j \varphi(S_i)\right] (i = 1, 2, \cdots, k, j = 1, 2)$。

由上就能得到在加速应力水平S_i下的相依竞争失效模型的CDF：

$$F_i(t) = 1 - \left[\exp(\hat{\theta}\hat{\lambda}_{i1}t) + \exp(\hat{\theta}\hat{\lambda}_{i2}t) - 1\right]^{-\frac{1}{\hat{\theta}}} (i = 1, 2, \cdots, k) \qquad （4-16）$$

4.4 数值模拟与分析

4.4.1 数值模拟

本小节中用MCMC算法来模拟上述恒定应力加速相依竞争失效模型参数估计方法以及置信区间的估计方法，其中使用到的试验样本及对应的截尾样本如表4-1所示。

表4-1 试验样本

方案	n_1	m_1	$(R_{11}, R_{12}, \cdots, R_{1m_1})$	n_2	m_2	$(R_{21}, R_{22}, \cdots, R_{2m_2})$	n_3	m_3	$(R_{31}, R_{32}, \cdots, R_{3m_3})$
1	20	5	(3,3,3,3,3)	30	10	(4,4,4,1,0,0,1,2,2,2)	40	15	(5,4,3,2,1,0,$\cdots$,0,4,3,2,1)
2	20	10	(3,2,0,0,0,0,0,0,2,3)	30	20	(3,2,0,$\cdots$,0,2,3)	40	30	(3,2,0,$\cdots$,0,2,3)
3	30	10	(4,3,2,1,0,0,4,3,2,1)	50	20	(5,4,3,2,1,0,$\cdots$,0,5,4,3,2,1)	80	30	(5,5,5,5,5,1,1,$\cdots$,1)
4	30	20	(4,3,2,1,0,$\cdots$,0)	50	40	(4,3,2,1,0,$\cdots$,0)	80	60	(4,3,2,1,0,0,$\cdots$,0,4,3,2,1)

在模拟试验中：假设正常应力强度$S_0 = 298K$，加速应力强度有三个分别为$S_1 = 353K$，$S_2 = 373K$和$S_3 = 393K$。根据公式（4-4）可得到加速模型中参数分别为$a_1 = -2$，$b_1 = 600$，$a_2 = -4$和$b_2 = 1300$，所以在第一种失效机理下的加速模型可表示为$\ln \lambda_{i1} = -2 + 600/S_i$，在第二种失效机理下的加速模型可表示为$\ln \lambda_{i2} = -4 + 1300/S_i$。则可以得到初始的尺度参数$\lambda_{11} = 0.741$，$\lambda_{12} = 0.728$，$\lambda_{21} = 0.676$，$\lambda_{22} = 0.598$，$\lambda_{31} = 0.623$和

$\lambda_{32}=0.500$。假设二维 Clayton Copula 函数中参数 $\theta=1$，$\theta=2$ 和 $\theta=3$，根据公式（2-35 b）得相应的 Kendall 秩相关系数分别为 $\tau=1/3$，$\tau=1/2$ 和 $\tau=3/5$，试验次数 $N=1000$。对于不同的参数估计将通过均值（Average Estimates，AEs）和均方误差（Mean Square Errors，MSEs）性能指标进行比较，公式如下：

$$AE_{\lambda_{ij}} = \frac{1}{N}\sum_{k=1}^{N}\hat{\lambda}_{ij}^{(k)} \tag{4-17 a}$$

$$AE_{\theta} = \frac{1}{N}\sum_{k=1}^{N}\hat{\theta}^{(k)} \tag{4-17 b}$$

$$MSE_{\lambda_{ij}} = \sqrt{\frac{1}{N}\sum_{k=1}^{N}\left(\lambda_{ij}-\hat{\lambda}_{ij}^{(k)}\right)^2} \tag{4-18 a}$$

$$MSE_{\theta} = \sqrt{\frac{1}{N}\sum_{k=1}^{N}\left(\theta-\hat{\theta}^{(k)}\right)^2} \tag{4-18 b}$$

其中 $\hat{\lambda}_{ij}^{(k)}$ 和 $\hat{\theta}^{(k)}$ 分别是参数 $\lambda_{ij}(i=1,2,3;j=1,2)$ 和 θ 的第 k 次极大似然估计值。

数据模拟步骤如下：

步骤一：基于不同的截尾方案，在给定的尺度参数真值 $\lambda_{ij}(i=1,2,3;j=1,2)$ 和二维 Clayton Copula 函数中参数 $\theta=1$ 下随机产生相依的渐进 II 型截尾样本；

步骤二：根据公式（4-8），公式（4-13）和公式（4-14）分别计算参数极大似然估计 MLEs 以及对应的置信度为 95% 渐进置信区间估计（ACIs）和 Bootstrap 置信区间（BCIs），公式中的 $B=1000$；

步骤三：重复步骤一和步骤二 N 次，根据公式（4-17）和公式（4-18）计算参数 $\lambda_{ij}(i=1,2,3;j=1,2)$ 和 $\theta=1$ 的 AEs 和 MSEs，试验结果见表 4-2；同时计算参数 $\lambda_{ij}(i=1,2,3;j=1,2)$ 和 $\theta=1$ 的 ACIs 和 BCIs 的 95% 的置信区间的覆盖率（Coverage Probabilities，CPs），试验结果见表 4-5；

步骤四：基于不同的截尾方案，在给定的尺度参数真值 $\lambda_{ij}(i=1,2,3;j=1,2)$ 和二维 Clayton Copula 函数中参数 $\theta=2$ 下随机产生渐进 II 型截尾样本。重复步骤二和步骤三，试验结果见表 4-3 和表 4-6；

步骤五：基于不同的截尾方案，在给定的尺度参数真值 $\lambda_{ij}(i=1,2,3;j=1,2)$ 和二维 Clayton Copula 函数中参数 $\theta=3$ 下随机产生渐进 II 型截尾样本。重复步骤二和步骤三，试验结果见表 4-4 和表 4-7；

步骤六：根据公式（4-15）算出加速模型的参数 $\hat{a}_1$，$\hat{a}_2$，$\hat{b}_1$ 和 $\hat{b}_2$ 以及常应力下的参数 $\hat{\lambda}_{01}$ 和 $\hat{\lambda}_{02}$，试验结果见表 4-8 和表 4-9；

步骤七：根据公式（4-16），画出在参数 $\theta=1$，$\theta=2$ 和 $\theta=3$ 下的相依竞争失效模型的 CDF 的对比图，试验结果见图 4-1，其中 $\tau = \theta/(\theta+2)$；

步骤八：根据公式（4-16），分别画出在参数 $\theta=1$，$\theta=2$ 和 $\theta=3$ 在不同的截尾方案下的相依竞争失效模型的 CDF 和真实相依竞争失效模型的 CDF 的对比图，试验结果见图 4-2，其中 $\tau = \theta/(\theta+2)$。

表 4-2 $\theta=1$ 时参数 λ_{ij} 的均值和均方误差

方案	$\hat{\lambda}_{11}$ 均值（均方误差）	$\hat{\lambda}_{12}$ 均值（均方误差）	$\hat{\lambda}_{21}$ 均值（均方误差）	$\hat{\lambda}_{22}$ 均值（均方误差）	$\hat{\lambda}_{31}$ 均值（均方误差）	$\hat{\lambda}_{32}$ 均值（均方误差）	$\hat{\theta}$ 均值（均方误差）
1	0.844 (0.263)	0.822 (0.366)	0.743 (0.345)	0.659 (0.298)	0.683 (0.564)	0.540 (0.466)	0.89 (0.509)
2	0.840 (0.212)	0.801 (0.347)	0.731 (0.326)	0.648 (0.289)	0.666 (0.531)	0.535 (0.457)	0.92 (0.496)
3	0.824 (0.198)	0.788 (0.309)	0.718 (0.299)	0.637 (0.276)	0.659 (0.498)	0.529 (0.417)	0.93 (0.471)
4	0.794 (0.178)	0.751 (0.296)	0.704 (0.281)	0.624 (0.263)	0.652 (0.486)	0.511 (0.405)	1.10 (0.455)

表 4-3 $\theta=2$ 时参数 λ_{ij} 的均值和均方误差

方案	$\hat{\lambda}_{11}$ 均值（均方误差）	$\hat{\lambda}_{12}$ 均值（均方误差）	$\hat{\lambda}_{21}$ 均值（均方误差）	$\hat{\lambda}_{22}$ 均值（均方误差）	$\hat{\lambda}_{31}$ 均值（均方误差）	$\hat{\lambda}_{32}$ 均值（均方误差）	$\hat{\theta}$ 均值（均方误差）
1	0.841 (0.247)	0.810 (0.351)	0.734 (0.327)	0.637 (0.293)	0.675 (0.546)	0.535 (0.460)	0.90 (0.510)
2	0.828 (0.199)	0.789 (0.310)	0.727 (0.314)	0.630 (0.288)	0.662 (0.529)	0.530 (0.452)	0.94 (0.491)
3	0.805 (0.187)	0.764 (0.294)	0.712 (0.287)	0.623 (0.272)	0.651 (0.483)	0.521 (0.419)	0.97 (0.466)
4	0.780 (0.160)	0.749 (0.287)	0.701 (0.271)	0.612 (0.257)	0.647 (0.471)	0.510 (0.400)	1.07 (0.439)

表 4-4 $\theta=3$ 时参数入行的均值和均方误差

方案	$\hat{\lambda}_{11}$ 均值（均方误差）	$\hat{\lambda}_{12}$ 均值（均方误差）	$\hat{\lambda}_{21}$ 均值（均方误差）	$\hat{\lambda}_{22}$ 均值（均方误差）	$\hat{\lambda}_{31}$ 均值（均方误差）	$\hat{\lambda}_{32}$ 均值（均方误差）	$\hat{\theta}$ 均值（均方误差）
1	0.814 (0.231)	0.801 (0.347)	0.715 (0.334)	0.629 (0.281)	0.657 (0.540)	0.531 (0.457)	0.91 (0.499)

续　表

方案	$\hat{\lambda}_{11}$ 均值（均方误差）	$\hat{\lambda}_{12}$ 均值（均方误差）	$\hat{\lambda}_{21}$ 均值（均方误差）	$\hat{\lambda}_{22}$ 均值（均方误差）	$\hat{\lambda}_{31}$ 均值（均方误差）	$\hat{\lambda}_{32}$ 均值（均方误差）	$\hat{\theta}$ 均值（均方误差）
2	0.796 (0.190)	0.783 (0.307)	0.699 (0.305)	0.627 (0.277)	0.647 (0.513)	0.527 (0.451)	0.95 (0.483)
3	0.782 (0.182)	0.767 (0.288)	0.690 (0.281)	0.620 (0.267)	0.640 (0.493)	0.519 (0.432)	0.97 (0.479)
4	0.756 (0.163)	0.741 (0.263)	0.685 (0.263)	0.609 (0.241)	0.633 (0.468)	0.511 (0.397)	1.05 (0.422)

表4-5　$\theta=1$ 时参数入行的95%置信区间的覆盖率

方案	$\hat{\lambda}_{11}$		$\hat{\lambda}_{12}$		$\hat{\lambda}_{21}$		$\hat{\lambda}_{22}$		$\hat{\lambda}_{31}$		$\hat{\lambda}_{32}$	
	MLEs	BCIs	MLEs	BCIs	MLEs	BCIs	MLEs	BCIs	MLEs	BCIs	MLEs	BCIs
1	0.903	0.914	0.910	0.917	0.904	0.918	0.911	0.920	0.915	0922	0.907	0.919
2	0.907	0.917	0.912	0.916	0.909	0.913	0.915	0.924	0.917	0.925	0.910	0.913
3	0.915	0.921	0.916	0.920	0.914	0.925	0.925	0.931	0.924	0.927	0.915	0.921
4	0.923	0.933	0.921	0.927	0.921	0.930	0.932	0.937	0.930	0.931	0.929	0.934

表4-6　$\theta=2$ 时参数入行的95%置信区间的覆盖率

方案	$\hat{\lambda}_{11}$		$\hat{\lambda}_{12}$		$\hat{\lambda}_{21}$		$\hat{\lambda}_{22}$		$\hat{\lambda}_{31}$		$\hat{\lambda}_{32}$	
	MLEs	BCIs	MLEs	BCIs	MLEs	BCIs	MLEs	BCIs	MLEs	BCIs	MLEs	BCIs
1	0.910	0.911	0.912	0.919	0.913	0.915	0.913	0.915	0.920	0.926	0.911	0.920
2	0.914	0.917	0.915	0.922	0.917	0.920	0.920	0.923	0.924	0.929	0.915	0.923
3	0.920	0.924	0.920	0.927	0.922	0.930	0.925	0.927	0.930	0.935	0.921	0.927
4	0.929	0.930	0.927	0.931	0.926	0.933	0.934	0.937	0.936	0.940	0.930	0.932

表4-7　$\theta=3$ 时参数入行的95%置信区间的覆盖率

方案	$\hat{\lambda}_{11}$		$\hat{\lambda}_{12}$		$\hat{\lambda}_{21}$		$\hat{\lambda}_{22}$		$\hat{\lambda}_{31}$		$\hat{\lambda}_{32}$	
	MLEs	BCIs	MLEs	BCIs	MLEs	BCIs	MLEs	BCIs	MLEs	BCIs	MLEs	BCIs
1	0.923	0.921	0.920	0.922	0.915	0.919	0.914	0.919	0.922	0.924	0.915	0.922
2	0.935	0.937	0.923	0.924	0.920	0.923	0.920	0.925	0.927	0.930	0.920	0.929
3	0.939	0.940	0.930	0.929	0.923	0.930	0.922	0.933	0.935	0.936	0.927	0.935
4	0.941	0.939	0.931	0.932	0.926	0.935	0.933	0.940	0.941	0.939	0.931	0.939

表4-8 加速模型参数的估计

方案	$\hat{a}_1$			$\hat{b}_1$			$\hat{a}_2$			$\hat{b}_2$		
	$\theta=1$	$\theta=2$	$\theta=3$	$\theta=1$	$\theta=2$	$\theta=3$	$\theta=1$	$\theta=2$	$\theta=3$	$\theta=1$	$\theta=2$	$\theta=3$
1	−2.26	−2.34	−2.32	736	721	705	−4.32	−4.30	−4.27	1457	1421	1408
2	−2.46	−2.30	−2.28	701	689	671	−4.19	−4.16	−4.14	1399	1371	1364
3	−2.40	−2.27	−2.23	677	662	647	−4.15	−4.12	−4.10	1362	1349	1335
4	−2.18	−2.09	−2.03	655	641	634	−4.06	−4.03	−3.96	1333	1327	1290

表4-9 正常应力水平下的尺寸参数估计

方案	$\hat{\lambda}_{01}$			$\hat{\lambda}_{02}$		
	$\theta=1$	$\theta=2$	$\theta=3$	$\theta=1$	$\theta=2$	$\theta=3$
1	1.23	1.08	1.05	1.77	1.60	1.58
2	0.90	1.01	0.98	1.66	1.55	1.54
3	0.88	0.95	0.94	1.52	1.50	1.46
4	1.02	1.06	1.10	1.51	1.52	1.45

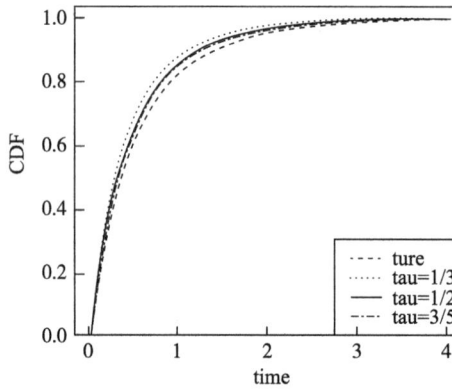

图4-1 在不同 τ 下的 CDF 以及真实 CDF

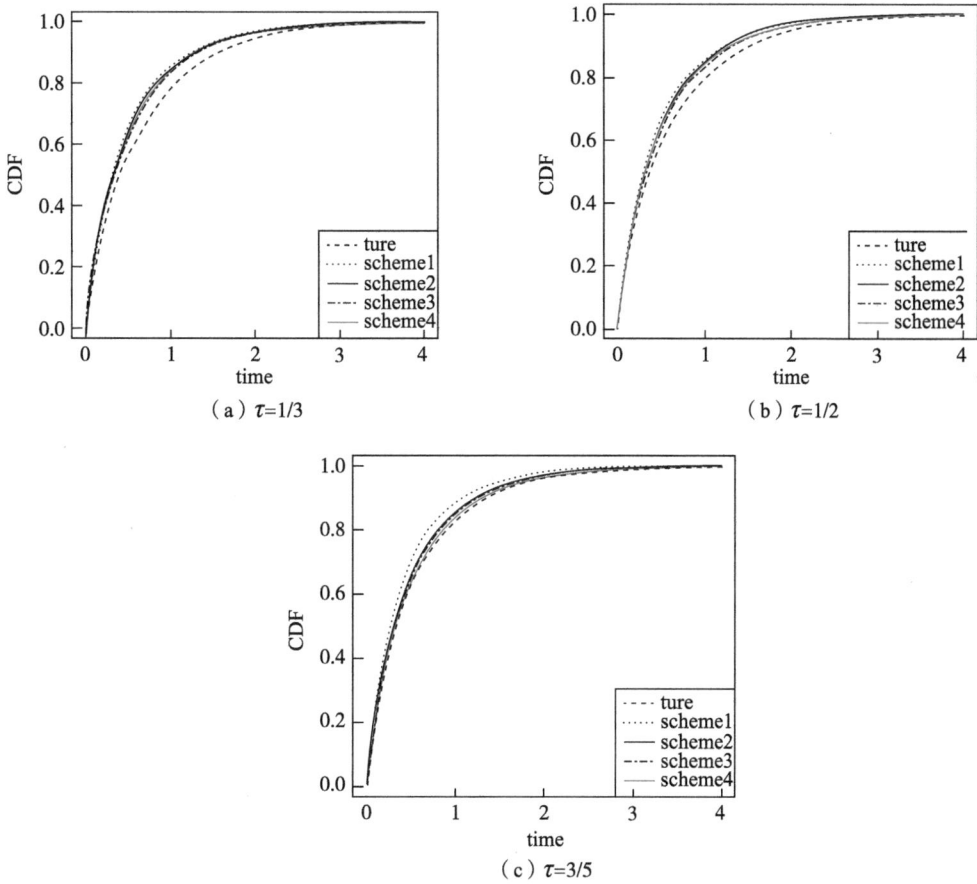

（a）$\tau=1/3$

（b）$\tau=1/2$

（c）$\tau=3/5$

图 4-2 在不同方案下的 CDF 以及真实 CDF

4.4.2 模拟数值分析

通过上述的模拟结果，可以得出如下结论：

（1）由表 4-2 至表 4-4 可以看出，随着参数 θ 的增大，模型参数的极大似然估计值 $\hat{\theta}$ 和 $\hat{\lambda}_{ij}(i=1,2,3;j=1,2)$ 更接近于真值，即表现为参数估计的 MSEs 更加小，这说明相依竞争失效模型的相关程度会影响参数估计的精确度。

（2）由表 4-2 至表 4-4 可以看出，随着截尾数据数量的增大，模型参数的极大似然估计值 $\hat{\theta}$ 和 $\hat{\lambda}_{ij}(i=1,2,3;j=1,2)$ 更接近于真值，即表现为参数估计的 MSEs 更加小，这说明试验失效验数据的数量会影响参数估计的精确度。

（3）由表 4-5 至表 4-7 可以看出，当截尾试验数据的数量小，置信度为 95% 的 ACIs 比 BCIs 的区间覆盖率更大；但当截尾试验数据的数量大时，置信度为 95% 的 ACIs 比 BCIs 的区间覆盖率很相近，说明 Bootstrap 方法对于小样本更具有优势。

（4）由图4-1可以看出，在各自不同的参数θ下，随着截尾试验数据的增加，估计相依竞争失效模型的CDF更接近于实际相依竞争失效模型的CDF。

（5）由图4-2可以看出，随着参数θ的增大，估计相依竞争失效模型的CDF更接近于实际相依竞争失效模型的CDF。

4.5 实际算例

本小节中将使用实际算例来说明上述模型的可行性。实际数据来源于文献[133]，是电动机绝缘系统的数据。数据中包含三种失效模式：Turn failure(T)，Phase failure (P)和Ground failure(G)，分别记为模式1，模式2和模式3。数据中涉及4种应力水平：$S_1=453K$，$S_2=463K$，$S_3=493K$和$S_4=513K$。寿命数据服从是指数分布以及正常的应力水平$S_0=323K$，数据见表4-10。根据上面的截尾方案得到截尾数据，分别见表4-11和表4-12。首先我们给出三维Clayton Copula函数，如下：

$$C_\theta^3(u,v,\varphi) = \left(u^{-\theta} + v^{-\theta} + \varphi^{-\theta} - 2\right)^{-1/\theta} \quad （4-19）$$

式中

$$u = S_{i1}(t_{il}) = \exp(-\lambda_{i1}t_{il}) \quad （4\text{-}20\,a）$$

$$v = S_{i2}(t_{il}) = \exp(-\lambda_{i2}t_{il}) \quad （4\text{-}20\,b）$$

$$\varphi = S_{i3}(t_{il}) = \exp(-\lambda_{i3}t_{il}) \quad （4\text{-}20\,c）$$

根据公式（4-8）和公式（4-15），可以得到参数的MLEs及模型的加速参数，结果见表4-13和表4-14。

表4-10 电动机绝缘系统数据

	$S_1=453K$		$S_2=463K$		$S_3=493K$		$S_4=513K$	
	FT/h	C	FT/h	C	FT/h	C	FT/h	C
1	5606.08	T(1)	1628.81	G(3)	344.12	P(2)	557.44	G(3)
2	4905.09	T(1)	1097.66	T(1)	761.85	P(2)	156.90	P(2)
3	2871.94	P(2)	630.04	P(2)	1562.75	T(1)	906.52	P(2)
4	2762.97	G(3)	1520.88	G(3)	276.99	G(3)	61.12	T(1)
5	3413.80	T(1)	708.52	P(2)	482.24	T(1)	773.39	T(1)
6	6321.76	T(1)	205.97	P(2)	213.33	T(1)	148.80	G(3)
7	4847.39	T(1)	185.66	T(1)	1434.37	T(1)	41.20	T(1)
8	2690.28	T(1)	434.29	T(1)	1486.62	T(1)	787.63	T(1)

	$S_1=453K$		$S_2=463K$		$S_3=493K$		$S_4=513K$	
	FT/h	C	FT/h	C	FT/h	C	FT/h	C
9	38.99	P(2)	1938.73	P(2)	1355.49	T(1)	224.25	G(3)
10	2358.23	P(2)	3093.82	T(1)	1374.04	P(2)	405.33	G(3)
11	3755.40	G(3)	1171.88	G(3)	725.54	T(1)	1071.67	G(3)
12	4898.85	P(2)	1108.75	G(3)	917.98	G(3)	407.20	T(1)
13	3900.23	T(1)	27.53	T(1)	2970.29	G(3)	306.00	G(3)
14	1196.49	T(1)	1428.32	T(1)	609.91	T(1)	422.78	T(1)
15	6000.69	G(3)	263.79	P(2)	89.88	T(1)	178.59	T(1)
16	1645.16	G(3)	1113.61	T(1)	741.62	T(1)	588.50	T(1)
17	4021.57	G(3)	965.01	G(3)	706.02	G(3)	301.62	P(2)
18	2643.69	T(1)	49.13	P(2)	347.21	T(1)	14.83	T(1)
19	4760.03	T(1)	350.66	T(1)	238.58	P(2)	1315.00	G(3)
20	1621.55	T(1)	2026.74	P(2)	1001.36	G(3)	90.07	T(1)

表 4-11　截尾方案

温度	n	m	R
453K	20	10	(1,1,1,1,1,1,1,1,1,1)
463K	20	12	(2,2,2,2,0,0,0,0,0,0,0,)
493K	20	14	(2,2,2,0,0,0,0,0,0,0,0,0,0,0)
513K	20	16	(2,2,0,0,0,0,0,0,0,0,0,0,0,0,0,0)

表 4-12　渐进Ⅱ型截尾样本

温度		失效时间和失效模式
453K	Times(h)	(38.99,1621.55,2358.23,2690.28,2871.94,3755.40,4021.57,4847.39,4905.09,6000.69)
	mode	(2,1,2,1,2,3,3,1,1,3)
463K	Times(h)	(27.53,205.97,434.29,965.01,1113.61,1171.88,1428.32,1520.88,1628.81,1938.73,2026.74,3093.82)
	mode	(1,2,1,3,1,3,1,3,3,2,2,1)
493K	Times(h)	(89.88,276.99,482.24,725.54,741.62,761.85,917.98,1001.36,1355.49,1374.04,1434.37,1486.62,1562.75,2970.29)
	mode	(1,3,1,1,1,2,3,3,1,2,1,1,1,3)
513K	Times(h)	(14.83,90.07,178.59,224.25,301.62,306.00,405.33,407.20,422.78,557.44,588.50,773.39,787.63,906.52,1071.67,1315.00)
	mode	(1,1,1,3,2,3,3,1,1,3,1,1,1,2,3,3)

表4-13　参数估计

参数	$\hat{\lambda}_{11}$	$\hat{\lambda}_{12}$	$\hat{\lambda}_{13}$	$\hat{\lambda}_{21}$	$\hat{\lambda}_{22}$	$\hat{\lambda}_{23}$	$\hat{\lambda}_{31}$	$\hat{\lambda}_{32}$	$\hat{\lambda}_{33}$	$\hat{\lambda}_{41}$	$\hat{\lambda}_{42}$	$\hat{\lambda}_{43}$
MLEs	0.018	0.021	0.023	0.017	0.063	0.093	0.015	0.042	0.017	0.147	0.051	0.011

表4-14　系数参数估计

参数	$\hat{a}_1$	$\hat{b}_1$	$\hat{a}_2$	$\hat{b}_2$	$\hat{a}_3$	$\hat{b}_3$
MLEs	208	−101418	308	−14900	451	−217641

4.6　本章小结

本章研究了Copula理论下的恒定应力加速相依竞争失效模型的统计分析和可靠性研究。文通过经典统计方法——MLEs对模型参数的点估计和置信区间估计利用AEs，MSEs和CPs统计量进行比较。通过数值模拟结果可以看出，随着参数θ的增大，尺度$\lambda_{ij}(i=1,2,3;j=1,2)$的极大似然估计值$\hat{\lambda}_{ij}(i=1,2,3;j=1,2)$更接近于真值，即参数估计的MSEs更加小。随着参数θ的增大，置信度为95%的ACIs和BCIs的区间覆盖率更大。同时将同一个参数θ下，不同截尾样本的模型的CDF和实际模型的CDF进行比较，证明了截尾失效数据的数量对试验结果的影响。也将同一截尾样本下，不同参数θ的模型的CDF和实际模型的CDF进行比较，证明了失效机理的相关性对试验结果的影响，即随着相关性越强，估计模型的CDF更加接近于实际模型的CDF，结果表明本章的应用研究具有一定有效性。最后通过电动机的绝缘系统的数据为实例，利用上述提出的相依竞争失效模型完成了可靠性估计和寿命预测，表明本章应用研究具有一定实用性。

5 逐步Ⅱ型截尾下的简单步进应力加速竞争失效模型的产品可靠性研究

5.1 引言

随着产品可靠性水平不断提高，高可靠、高寿命产品越来越多，因此这类产品的可靠性寿命试验通常需要较长的时间、较高成本。在第3章和第4章中研究了恒定应力加速寿命试验（CSALT），虽然恒定应力加速寿命试验的实施过程、数据分析等相对简单，寿命评估结果比较准确，但需要样本量大，试验时间长。为了解决这个难题，本章将研究步进应力加速寿命试验（SSALT）。步进应力加速寿命试验相对于恒定应力加速寿命试验来说，具有样品失效更快，具有较高的试验效率、节约试验时间和经费等优点，因此成为加速寿命试验在工程实际应用中的一个发展方向。

步进应力加速寿命试验中，应力呈阶梯上升，即先选定一组加速应力水平，如 $S_1, S_2, \cdots, S_n$，且都高于正常应力水平 S_0，并假设 $S_0 < S_1 < \cdots < S_n$，各应力的加载时间长度分别为 $\tau_1, \tau_2, \cdots, \tau_n$。然后将一定数量的试验样本全部置于最低应力 S_1 下进行试验，当试验持续一段时间 τ_1 后，将失效的样本退出试验；随后把应力水平提高到 S_2 继续试验，如此继续下去，直至到最高应力 S_n 下有一定数量的样本失效则停止这个试验。当 $n=2$ 时，则该试验称为简单步进应力加速寿命试验（Simple Step-Stress Accelerated Life Testing，S-SSALT）。但由于几个应力水平对产品性能有连续积累的作用，因而由步进应力试验结果去确定恒定应力条件下产品失效情况存在困难，因此 Nelson 提出用累积损伤模型（CEM）去进行产品寿命在不同应力水平之间折算。

本章将在逐步 II 型截尾下进行简单步进应力加速寿命试验，并通过试验失效数据对模型进行统计分析。首先，基于试验失效数据，利用经典统计方法——MLEs 对模型参数进行点估计、渐进置信区间估计和 Bootstrap 置信区间估计。其次，利用 Bayes 方法、E-Bayes 方法和 H-Bayes 方法在不同的损伤函数下对模型参数进行点估计和 HPD 置信区间估计。最后，利用 AEs、MSEs、ALs 和 CPs 统计量对所用的估计方法进行比较和选择。

5.2 寿命模型描述

5.2.1 基本假设

本章的讨论基于以下四个基本假设：

假设1 试验样本的失效机理有两种并且失效机理之间是相互独立，而且样本的失效只由其中一种失效机理引起。这两种失效机理发生的时间分别记为 T_1 和 T_2，则样本的寿命记为 $T=\min\{T_1,T_2\}$。

假设2 样本寿命 $T_j(j=1,2)$ 服从的是尺度参数为 λ_{ij} 的指数分布（Exponential Distribution，ED），其CDF和PDF分别为：

$$F_{ij}\left(t;\lambda_{ij}\right)=1-\exp\left(-\lambda_{ij}t\right) \tag{5-1}$$

$$f_{ij}\left(t;\lambda_{ij}\right)=\lambda_{ij}\exp\left(-\lambda_{ij}t\right) \tag{5-2}$$

式中 $t>0,\lambda_{ij}>0,i,j=1,2$。

假设3 在加速应力水平 S_i 下，尺度参数 λ_{ij} 满足下列关系：

$$\ln\lambda_{ij}=a_j+b_j\varphi\left(S_i\right)(i=1,2,\cdots,k;j=1,2) \tag{5-3}$$

式中 a_j 和 b_j 是未知的系数参数，$\varphi(S_i)$ 是关于加速应力水平 S_i 的递减函数。当加速应力为温度时，$\varphi(S_i)=1/S_i$，加速模型为阿伦尼斯（Arrhenius）模型，本章中选用 Arrhenius 模型。

假设4 本章中不同应力水平之间寿命折算模型为累积损伤模型（CEM），即产品的剩余寿命仅依赖于当时已积累的失效部分和当时的应力水平，而与积累方式无关，即

$$F_1\left(t_1\right)=F_2\left(t_2\right) \tag{5-4}$$

5.2.2 模型描述

假设正常应力水平为 S_0，加速应力水平为 S_1 和 S_2，且都高于正常应力水平 S_0，并假设 $S_0<S_1<S_2$。逐步Ⅱ型截尾下简单步应力加速寿命试验（S-SSALT）过程如下：将 n 个试验样本全部放入应力水平 S_1 下，当第一个失效样本产生时，从剩余的未失效的试验样本中随机移除 R_1 个试验样本，并根据失效模式记录下观测的样本数据 $(t_{1:n},\delta_1,R_1)$，然后继续进行试验，同样当第二个失效样本产生时，从剩余的未失效的试验样本中随机移除 R_2 个试验样本，并根据失效模式记录下观测的样本数据

$(t_{2:n}, \delta_2, R_2)$，依次进行试验直至第N_1个失效试验样本产生，从剩余的未失效的试验样本中随机移除R_{N_1}个试验样本，将试验的应力水平由S_1提高到S_2。在应力水平S_2下，剩下的未失效的$(n-N_1-R_1-\cdots-R_{N_1})$个试验样本继续进行试验，当第$(N_1+1)$个失效样本产生时，从剩余的未失效的试验样本中随机移除R_{N_1+1}个试验样本，并根据失效模式记录下观测的样本数据$(t_{N_1+1:n}, \delta_{N_1+1}, R_{N_1+1})$，然后继续进行试验，直到第$(N_1+N_2)$个失效样本产生时，将剩下的未失效的试验样本全部移除，并根据失效模式记录下观测的样本数据$(t_{N_1+1:n}, \delta_{N_1+1}, R_{N_1+1})$，则试验结束。最终得到的试验数据为：

$$S_1 : (t_{1:n}, \delta_1, R_1), (t_{2:n}, \delta_2, R_2), \cdots, (t_{N_1:n}, \delta_{N_1}, R_{N_1})$$

$$S_2 : (t_{N_1+1:n}, \delta_{N_1+1}, R_{N_1+1}), (t_{N_1+2:n}, \delta_{N_1+2}, R_{N_1+2}), \cdots, (t_{N_1+N_2:n}, \delta_{N_1+N_2}, R_{N_1+N_2})$$

其中$t_{1:n}$，$\cdots$，$t_{N_1+N_2:n}$是次序统计量，$\delta_i \in \{1, 2\}$ $(i=1, 2, \cdots, N_1+N_2)$是失效机理编号，并且满足关系式：$I_j(\delta_i) = \begin{cases} 1, & \delta_i = j \\ 0, & \delta_i \neq j \end{cases}$，其中$I_j(\delta_i)$称为指示函数。

5.3 模型参数的MLEs统计分析

寿命分布模型在基本假设下，基于第$j(j=1, 2)$个失效机理获得试验数据的寿命CDF和PDF分别为：

$$F_j(t) = F_j(t : \lambda_{1j}, \lambda_{2j}) = \begin{cases} F(t, \lambda_{1j}) & (0 \leq t \leq \tau) \\ F\left(\dfrac{\lambda_{1j}}{\lambda_{2j}}\tau - \tau + t, \lambda_{2j}\right) & (t > \tau) \end{cases}$$

$$F_j(t) = F_j(t : \lambda_{1j}, \lambda_{2j}) = \begin{cases} 1 - \exp(-\lambda_{1j}t) & (0 \leq t \leq \tau) \\ 1 - \exp(-(\lambda_{1j} - \lambda_{2j})\tau - \lambda_{2j}t) & (t > \tau) \end{cases} \tag{5-5}$$

$$f_j(t) = f_j(t : \lambda_{1j}, \lambda_{2j}) = \begin{cases} \lambda_{1j} \exp(-\lambda_{1j}t) & (0 \leq t \leq \tau) \\ \lambda_{2j} \exp(-(\lambda_{1j} - \lambda_{2j})\tau - \lambda_{2j}t) & (t > \tau) \end{cases} \tag{5-6}$$

其中$\tau \in (t_{N_1:n}, t_{N_1+1:n})$。

5.3.1 模型参数的点估计

寿命分布模型在基本假设下，试验样本寿命的CDF和PDF分别为：

$$
\begin{aligned}
F(t) &= 1 - \prod_{j=1}^{2}\left(1 - F_j(t)\right) \\
&= \begin{cases}
1 - \exp\left(-(\lambda_{11} + \lambda_{12})t\right) & (0 \leq t \leq \tau) \\
1 - \exp\left(-(\lambda_{11} + \lambda_{12} - \lambda_{21} - \lambda_{22})\tau - (\lambda_{21} + \lambda_{22})t\right) & (t > \tau)
\end{cases}
\end{aligned} \tag{5-7}
$$

$$
f(t) = \begin{cases}
(\lambda_{11} + \lambda_{12})\exp\left(-(\lambda_{11} + \lambda_{12})t\right) & (0 \leq t \leq \tau) \\
(\lambda_{21} + \lambda_{22})\exp\left(-(\lambda_{11} + \lambda_{12} - \lambda_{21} - \lambda_{22})\tau - (\lambda_{21} + \lambda_{22})t\right) & (t > \tau)
\end{cases} \tag{5-8}
$$

设向量 $\mathbf{C}$ 为失效机理的指示向量，则关于 $(T, \mathbf{C})$ 的联合分布为：

$$
\begin{aligned}
f_{T,C}(t, j) &= f_j(t)\left(1 - F_{j^*}(t)\right) \\
&= \begin{cases}
\lambda_{1j}\exp\left(-(\lambda_{11} + \lambda_{12})t\right) & (0 \leq t \leq \tau) \\
\lambda_{2j}\exp\left(-(\lambda_{11} + \lambda_{12} - \lambda_{21} - \lambda_{22})\tau - (\lambda_{21} + \lambda_{22})t\right) & (t > \tau)
\end{cases}
\end{aligned} \tag{5-9}
$$

其中 $j, j^* = 1, 2$，并且 $j \neq j^*$。

在 CEM 下，建立似然函数为：

$$
\begin{aligned}
L(t|\lambda_{ij}) &\propto \prod_{i=1}^{N_1}\left[f_{T,C}(t_{i:n})\left(1 - F(t_{i:n})\right)^{R_i}\right] \prod_{i=N_1+1}^{N_1+N_2}\left[f_{T,C}(t_{i:n})\left(1 - F(t_{i:n})\right)^{R_i}\right] \\
&\propto \prod_{i=1}^{2}\prod_{j=1}^{2}(\lambda_{ij})^{n_{ij}}\exp\left[-(\lambda_{11} + \lambda_{12})(T_1 + T_{21}) - (\lambda_{21} + \lambda_{22})T_{22}\right]
\end{aligned} \tag{5-10}
$$

其中，$T_1 = \sum_{i=1}^{N_1}(1 + R_i)t_i$，$T_{21} = \sum_{i=N_1+1}^{N_1+N_2}(1 + R_i)\tau$，$T_{22} = \sum_{i=N_1+1}^{N_1+N_2}(1 + R_i)(t_i - \tau)$。

记参数向量 $\boldsymbol{\Theta} = (\lambda_{11}, \lambda_{12}, \lambda_{21}, \lambda_{22})$，根据似然函数公式（5-10），参数的最大似然估计法可通过极大化对数似然函数得到。则对数似然函数公式如下：

$$
l = \ln L = \sum_{i=1}^{2}\sum_{j=1}^{2}n_{ij}\ln\lambda_{ij} - (\lambda_{11} + \lambda_{12})(T_1 + T_{21}) - (\lambda_{21} + \lambda_{22})T_{22} \tag{5-11}
$$

对数似然函数 l 分别对 $\lambda_{ij}(i, j = 1, 2)$ 求一阶偏导数，并令其等于零，则

$$
\begin{cases}
\dfrac{\partial l}{\partial \lambda_{11}} = \dfrac{n_{11}}{\lambda_{11}} - (T_1 + T_{21}) = 0 \\[2mm]
\dfrac{\partial l}{\partial \lambda_{12}} = \dfrac{n_{12}}{\lambda_{12}} - (T_1 + T_{21}) = 0 \\[2mm]
\dfrac{\partial l}{\partial \lambda_{21}} = \dfrac{n_{21}}{\lambda_{21}} - T_{22} = 0 \\[2mm]
\dfrac{\partial l}{\partial \lambda_{22}} = \dfrac{n_{22}}{\lambda_{22}} - T_{22} = 0
\end{cases} \tag{5-12}
$$

通过简单计算可以得到：

$$
\hat{\lambda}_{1j(MLE)} = \frac{n_{1j}}{T_1 + T_{21}} \tag{5-13 a}
$$

$$
\hat{\lambda}_{2j(MLE)} = \frac{n_{2j}}{T_{22}} \tag{5-13 b}
$$

其中 $j=1, 2$。

5.3.2 模型参数的置信区间估计

5.3.2.1 渐进置信区间估计

记参数向量 $\mathbf{\Theta}=\left(\lambda_{11}, \lambda_{12}, \lambda_{21}, \lambda_{22}\right)$，根据似然函数公式（5-10），对数似然函数 l 分别对 $\lambda_{ij}(i, j=1,2)$ 求二阶偏导数，如下所示：

$$I_{11}=-\frac{\partial^2 l}{\partial \lambda_{11}{}^2}=\frac{n_{11}}{\lambda_{11}{}^2} \tag{5-14 a}$$

$$I_{22}=-\frac{\partial^2 l}{\partial \lambda_{12}{}^2}=\frac{n_{12}}{\lambda_{12}{}^2} \tag{5-14 b}$$

$$I_{33}=-\frac{\partial^2 l}{\partial \lambda_{21}{}^2}=\frac{n_{21}}{\lambda_{21}{}^2} \tag{5-14 c}$$

$$I_{44}=-\frac{\partial^2 l}{\partial \lambda_{22}{}^2}=\frac{n_{22}}{\lambda_{22}{}^2} \tag{5-14 d}$$

$$I_{ij}=I_{ji}=0(i \neq j=1,2,3,4) \tag{5-14 e}$$

则可以得到参数的 Fisher 信息矩阵 $\hat{I}(\mathbf{\Theta})$，表示如下：

$$\hat{I}(\mathbf{\Theta})=\begin{bmatrix} I_{11} & \cdots & I_{14} \\ \vdots & \ddots & \vdots \\ I_{41} & \cdots & I_{44} \end{bmatrix} \tag{5-15}$$

参数的方差–协方差矩阵可以用其观测的 Fisher 信息矩阵 $\hat{I}(\mathbf{\Theta})$ 的逆近似，即：

$$\hat{V}(\mathbf{\Theta}_j)=\begin{bmatrix} I_{11} & \cdots & I_{14} \\ \vdots & \ddots & \vdots \\ I_{41} & \cdots & I_{44} \end{bmatrix}^{-1} \approx \hat{I}(\mathbf{\Theta}_j)^{-1} \tag{5-16}$$

由上述公式可以得到置信度为 $100(1-\gamma)\%$ 的近似正态置信区间为：

$$\left(\hat{\lambda}_{ij}-Z_{\gamma/2}\sqrt{\hat{V}_{ii}}, \ \hat{\lambda}_{ij}+Z_{\gamma/2}\sqrt{\hat{V}_{ii}}\right) \tag{5-17}$$

其中 $i, j=1, 2$，式中 $Z_{\gamma/2}$ 是标准正态分布的 $\gamma/2$ 分位点。

5.3.2.2 Bootstrap 置信区间估计

Bootstrap 方法是利用计算机生成样本估计未知概率测度的某种统计量特性的方法。它可以通过数字仿真扩大样本量，弥补试验数据不足等缺陷，并且此方法完全依赖于样本本身，因此不需要任何主观假设。在本章中将使用两种Bootstrap方法进行区间估计。

1. Bootstrap-p 置信区间估计

Bootstrap-p（Percentile bootstrap）置信区间估计方法是由Efron于1982年提出的，具体步骤如下：

步骤一：基于渐进Ⅱ型截尾下简单步应力加速寿命试验数据$(t_{1:n}, \delta_1, R_1), \cdots,$ $(t_{N_1:n}, \delta_{N_1}, R_{N_1}), (t_{N_1+1:n}, \delta_{N_1+1}, R_{N_1+1}), \cdots, (t_{N_1+N_2:n}, \delta_{N_1+N_2}, R_{N_1+N_2})$，根据公式（5–13）计算参数的极大似然估计值$\hat{\lambda}_{ij} (i, j = 1, 2)$；

步骤二：基于$\hat{\lambda}_{ij} (i, j = 1, 2)$，重新随机生成逐步Ⅱ型截尾试验下的观测数据$(t_{1:n}^*, \delta_1^*, R_1^*), \cdots, (t_{N_1:n}^*, \delta_{N_1}^*, R_{N_1}^*), (t_{N_1+1:n}^*, \delta_{N_1+1}^*, R_{N_1+1}^*), \cdots, (t_{N_1+N_2:n}^*, \delta_{N_1+N_2}^*, R_{N_1+N_2}^*)$，即产生一个Bootstrap样本。根据公式（5–13）重新计算这个样本下的对应参数的极大似然估计值，并记为$\hat{\lambda}_{ij}^{*[1]} (i, j = 1, 2)$；

步骤三：重复步骤二（B–1）次，得到B组参数$\hat{\lambda}_{ij} (i, j = 1, 2)$的极大似然估计值，记为$\hat{\lambda}_{ij}^{*[m]} (i, j = 1, 2; m = 2, \cdots, B)$；

步骤四：对于$\hat{\lambda}_{ij}^{*[m]} (i, j = 1, 2; m = 1, \cdots, B)$按升序进行排列，得到$\hat{\lambda}_{ij}^{*[1]} < \hat{\lambda}_{ij}^{*[2]} < \cdots < \hat{\lambda}_{ij}^{*[B]} (i, j = 1, 2)$；

步骤五：计算置信度为$100(1-\gamma)\%$的置信区间为

$$\left(\hat{\lambda}_{ij}^{*[B*\gamma/2]}, \hat{\lambda}_{ij}^{*[B*(1-\gamma/2)]} \right) \tag{5–18}$$

2. Bootstrap-t 置信区间估计

Bootstrap-t置信区间估计方法是由Hall于1988年提出的，具体步骤如下：

步骤一：基于渐进Ⅱ型截尾下简单步应力加速寿命试验数据$(t_{1:n}, \delta_1, R_1), \cdots,$ $(t_{N_1:n}, \delta_{N_1}, R_{N_1}), (t_{N_1+1:n}, \delta_{N_1+1}, R_{N_1+1}), \cdots, (t_{N_1+N_2:n}, \delta_{N_1+N_2}, R_{N_1+N_2})$，根据公式（5–13）计算参数的极大似然估计值$\hat{\lambda}_{ij} (i, j = 1, 2)$；

步骤二：基于$\hat{\lambda}_{ij} (i, j = 1, 2)$，重新随机生成逐步Ⅱ型截尾试验下的观测数据$(t_{1:n}^*, \delta_1^*, R_1^*), \cdots, (t_{N_1:n}^*, \delta_{N_1}^*, R_{N_1}^*), (t_{N_1+1:n}^*, \delta_{N_1+1}^*, R_{N_1+1}^*), \cdots, (t_{N_1+N_2:n}^*, \delta_{N_1+N_2}^*, R_{N_1+N_2}^*)$，即产生一个Bootstrap样本。根据公式（5–13）重新计算这个样本下的对应参数的极大似然估计值，并记为$\hat{\lambda}_{ij}^{*[1]} (i, j = 1, 2)$；

步骤三：根据公式$\hat{T}_{ij}^* = \dfrac{\hat{\lambda}_{ij}^{*[1]} - \hat{\lambda}_{ij}}{\sqrt{Var(\hat{\lambda}_{ij})}}$进行计算，并记为$\hat{T}_{ij}^{*[1]} (i, j = 1, 2)$；

步骤四：重复步骤二和步骤三（B–1）次，得到B组参数$\hat{T}_{ij}^{*[m]} (i, j = 1, 2; m = 2, \cdots, B)$；

步骤五：对于 $\hat{T}_{ij}^{*[m]}(i,j=1,2; m=1,\cdots,B)$ 按升序进行排列，得到 $\hat{T}_{ij}^{*[1]} < \hat{T}_{ij}^{*[2]} < \cdots$ $< \hat{T}_{ij}^{*[B]}(i,j=1,2)$；

步骤六：计算置信度为 $100(1-\gamma)\%$ 的置信区间为

$$\left(\hat{\lambda}_{ij} - \hat{T}_{ij}^{*[(1-\gamma/2)*B]}\sqrt{Var(\hat{\lambda}_{ij})}, \quad \hat{\lambda}_{ij} - \hat{T}_{ij}^{*[\gamma/2*B]}\sqrt{Var(\hat{\lambda}_{ij})} \right) \tag{5-19}$$

根据基本假设3，我们将 $\hat{\lambda}_{i1}$ 和 $\hat{\lambda}_{i2}$ 代入公式（5-3）中，根据高斯-马尔科夫（Gauss-Markov）定理可得到参数 a_j 和 b_j 的最小二乘法估计：

$$\hat{a}_j = \frac{\ln\hat{\lambda}_{1j}\varphi(S_2) - \ln\hat{\lambda}_{2j}\varphi(S_1)}{\varphi(S_2) - \varphi(S_1)} \tag{5-20 a}$$

$$\hat{b}_j = \frac{\ln\hat{\lambda}_{2j} - \ln\hat{\lambda}_{1j}}{\varphi(S_2) - \varphi(S_1)} \tag{5-20 b}$$

式中 $\varphi(S_1)=1/S_1$，$\varphi(S_2)=1/S_2$。

由上就能得到在正常应力水平 S_0 下的尺度参数 $\hat{\lambda}_{0j}$ 的估计：

$$\hat{\lambda}_{0j} = \exp\left[\hat{a}_j + \hat{b}_j\varphi(S_0) \right] \tag{5-21}$$

5.4 模型参数的 Bayes 统计分析

5.4.1 参数的 Bayes 估计

本小节中将分别讨论基于平方误差损伤函数（Squared Error Loss Function，SELF）、熵损伤函数（Entropy Loss Function，ELF）和LINEX损伤函数（Linear-exponential Loss Function，LLF）下参数的 Bayes 估计。

令参数 λ_{ij} 的先验分布为相互独立的Gamma分布，即 $\lambda_{ij} \sim G(\alpha_{ij}, \beta_{ij})$。则得到联合先验分布为：

$$\pi(\lambda_{ij}|\alpha_{ij}, \beta_{ij}) \sim Ga(\alpha_{ij}, \beta_{ij}) = \frac{\beta_{ij}^{\alpha_{ij}}}{\Gamma(\alpha_{ij})}\lambda_{ij}^{\alpha_{ij}-1}e^{-\beta_{ij}\lambda_{ij}} \propto \lambda_{ij}^{\alpha_{ij}-1}e^{-\beta_{ij}\lambda_{ij}} \quad (\lambda_{ij} \geq 0) \tag{5-22}$$

根据参数的先验信息，基于公式（5-10）和公式（5-22），可得到参数 λ_{ij} 的联合后验分布为：

$$\pi(\lambda_{11}, \lambda_{12}, \lambda_{21}, \lambda_{22}|\xi) = \frac{L(t|\lambda_{ij}) \cdot \pi(\lambda_{ij})}{\int_0^{+\infty} L(t|\lambda_{ij}) \cdot \pi(\lambda_{ij})d\lambda_{ij}} \tag{5-23}$$

其中 $\xi=(n_{ij}, t_i, R_i, \tau; i=1,\cdots,N, j=1,2)$。同时可以得到参数 λ_{ij} 的边缘后验分布为：

$$\pi\left(\lambda_{1j}\big|\xi\right)=\frac{L\left(t\big|\lambda_{1j}\right)\cdot\pi\left(\lambda_{1j}\right)}{\int_0^{+\infty}L\left(t\big|\lambda_{1j}\right)\cdot\pi\left(\lambda_{1j}\right)d\lambda_{1j}}$$

$$=\frac{\lambda_{1j}^{n_{1j}}e^{-\lambda_{1j}(T_1+T_{21})}\dfrac{\beta_{1j}^{\alpha_{1j}}}{\Gamma(\alpha_{1j})}\lambda_{1j}^{\alpha_{1j}-1}e^{-\beta_{1j}\lambda_{1j}}}{\dfrac{\beta_{1j}^{\alpha_{1j}}}{\Gamma(\alpha_{1j})}\int_0^{+\infty}\lambda_{1j}^{n_{1j}+\alpha_{1j}-1}e^{-\lambda_{1j}(\beta_{1j}+T_1+T_{21})}d\lambda_{1j}}$$

$$=\frac{\left(\beta_{1j}+T_1+T_{21}\right)^{n_{1j}+\alpha_{1j}-1}}{\Gamma(\alpha_{1j}+n_{1j})}\lambda_{1j}^{n_{1j}+\alpha_{1j}-1}e^{-\lambda_{1j}(\beta_{1j}+T_1+T_{21})}$$

$$\propto\lambda_{1j}^{n_{1j}+\alpha_{1j}-1}e^{-\lambda_{1j}(\beta_{1j}+T_1+T_{21})}\qquad\text{(5-24 a)}$$

$$\pi\left(\lambda_{2j}\big|\xi\right)=\frac{L\left(t\big|\lambda_{2j}\right)\cdot\pi\left(\lambda_{2j}\right)}{\int_0^{+\infty}L\left(t\big|\lambda_{2j}\right)\cdot\pi\left(\lambda_{2j}\right)d\lambda_{2j}}$$

$$=\frac{\lambda_{2j}^{n_{2j}}e^{-\lambda_{2j}T_{22}}\dfrac{\beta_{2j}^{\alpha_{2j}}}{\Gamma(\alpha_{2j})}\lambda_{2j}^{\alpha_{2j}-1}e^{-\beta_{2j}\lambda_{2j}}}{\dfrac{\beta_{2j}^{\alpha_{2j}}}{\Gamma(\alpha_{2j})}\int_0^{+\infty}\lambda_{2j}^{n_{2j}+\alpha_{2j}-1}e^{-\lambda_{2j}(\beta_{2j}+T_{22})}d\lambda_{2j}}$$

$$=\frac{\left(\beta_{2j}+T_{22}\right)^{n_{2j}+\alpha_{2j}-1}}{\Gamma(\alpha_{2j}+n_{2j})}\lambda_{2j}^{n_{2j}+\alpha_{2j}-1}e^{-\lambda_{2j}(\beta_{2j}+T_{22})}$$

$$\propto\lambda_{2j}^{n_{2j}+\alpha_{2j}-1}e^{-\lambda_{2j}(\beta_{2j}+T_{22})}\qquad\text{(5-24 b)}$$

基于公式（5-24）可得到参数λ_{ij}的后验分布为Gamma分布，即$\lambda_{1j}\sim G(n_{1j}+\alpha_{1j},\beta_{1j}+T_1+T_{21})$，$\lambda_{2j}\sim G(n_{2j}+\alpha_{2j},\beta_{2j}+T_{22})$，其中$j=1,2$。

5.4.1.1　基于SELF的参数的Bayes估计

参数$\lambda_{ij}(i,j=1,2)$在SELF下的Bayes估计定义如下：

$$\hat{\lambda}_{ij(BS)}=E\left(\lambda_{ij}\big|\xi\right)=\int_\Theta\lambda_{ij}\pi\left(\lambda_{ij}\big|\xi\right)d\lambda_{ij}\qquad\text{(5-25)}$$

根据公式（5-24）和公式（5-25），可以得到参数$\lambda_{ij}(i,j=1,2)$的Bayes估计，如下所示：

$$\hat{\lambda}_{1j(BS)}=\frac{n_{1j}+\alpha_{1j}}{\beta_{1j}+T_1+T_{21}}\qquad\text{(5-26 a)}$$

$$\hat{\lambda}_{2j(BS)}=\frac{n_{2j}+\alpha_{2j}}{\beta_{2j}+T_{22}}\qquad\text{(5-26 b)}$$

5.4.1.2 基于ELF的参数的Bayes估计

参数$\lambda_{ij}(i,j=1,2)$在ELF下的Bayes估计定义如下：

$$\hat{\lambda}_{ij(BE)} = \left[E\left(\lambda_{ij}^{-1}\middle|\xi\right)\right]^{-1} = 1\middle/\int_\Theta \lambda_{ij}^{-1}\pi(\lambda_{ij}|\xi)d\lambda_{ij} \tag{5-27}$$

根据公式（5-24）和公式（5-27），可以得到参数$\lambda_{ij}(i,j=1,2)$的Bayes估计，如下所示：

$$\hat{\lambda}_{1j(BE)} = \frac{n_{1j}+\alpha_{1j}-1}{\beta_{1j}+T_1+T_{21}} \tag{5-28 a}$$

$$\hat{\lambda}_{2j(BE)} = \frac{n_{2j}+\alpha_{2j}-1}{\beta_{2j}+T_{22}} \tag{5-28 b}$$

5.4.1.3 基于LLF的参数的Bayes估计

参数$\lambda_{ij}(i,j=1,2)$在LLF下的Bayes估计定义如下：

$$\hat{\lambda}_{ij(BL)} = \left(\frac{-1}{k}\right)\ln\left[E\left(e^{-k\lambda_{ij}}\middle|\xi\right)\right] \tag{5-29}$$

根据公式（5-24）和公式（5-29），可以得到参数$\lambda_{ij}(i,j=1,2)$的Bayes估计，如下所示：

$$\hat{\lambda}_{1j(BL)} = \frac{n_{1j}+\alpha_{1j}-1}{k}\ln\left(1+\frac{k}{\beta_{1j}+T_1+T_{21}}\right) \tag{5-30 a}$$

$$\hat{\lambda}_{2j(BL)} = \frac{n_{2j}+\alpha_{2j}-1}{k}\ln\left(1+\frac{k}{\beta_{2j}+T_{22}}\right) \tag{5-30 b}$$

5.4.2 参数的E-Bayes估计

本小节分别讨论基于SELF、ELF和LLF下参数的E-Bayes估计。根据文献[134]中定义，选取超参数α_{ij}和β_{ij}使得$\pi(\lambda_{ij}|\alpha_{ij},\beta_{ij})$为参数$\lambda_{ij}$的减函数。则求$\pi(\lambda_{ij}|\alpha_{ij},\beta_{ij})$对参数$\lambda_{ij}$的一阶导数，如下：

$$\frac{d\pi(\lambda_{ij}|\alpha_{ij},\beta_{ij})}{d\lambda_{ij}} = \frac{\beta_{ij}^{\alpha_{ij}}}{\Gamma(\alpha_{ij})}\lambda_{ij}^{\alpha_{ij}-2}e^{-\beta_{ij}\lambda_{ij}}[(\alpha_{ij}-1)-\beta_{ij}\lambda] \tag{5-31}$$

由上式可得当$0<\alpha_{ij}<1$，$\beta_{ij}>0$时，$\dfrac{d\pi(\lambda_{ij}|\alpha_{ij},\beta_{ij})}{d\lambda_{ij}}<0$，即$\pi(\lambda_{ij}|\alpha_{ij},\beta_{ij})$为参数$\lambda_{ij}$的减函数。从Bayes估计的稳健性（见文献[135]）上看，尾部越细的先验分布会使Bayes估计的稳健性越差，因此$0<\alpha_{ij}<1$时，β_{ij}不易过大。本节中假设超参数α_{ij}和

β_{ij}是相互独立的，因此$\pi(\alpha_{ij},\beta_{ij})=\pi(\alpha_{ij})\pi(\beta_{ij})$。在下面的讨论中关于$\pi(\alpha_{ij},\beta_{ij})$定义如下：

$$\pi(\alpha_{ij},\beta_{ij})=\frac{1}{c} \quad (0<\alpha_{ij}<1,0<\beta_{ij}<c) \tag{5-32 a}$$

$$\pi(\alpha_{ij},\beta_{ij})=\frac{2\beta_{ij}}{c^2} \quad (0<\alpha_{ij}<1,0<\beta_{ij}<c) \tag{5-32 b}$$

5.4.2.1 基于SELF的参数的E-Bayes估计

根据公式（5-26）和公式（5-32 a），可以得到参数$\lambda_{ij}(i,j=1,2)$的E-Bayes估计，如下所示：

$$\hat{\lambda}_{1j(EBS1)}=\frac{1}{c}\int_0^1\int_0^c\frac{n_{1j}+\alpha_{1j}}{\beta_{1j}+T_1+T_{21}}d\alpha_{1j}d\beta_{1j}=\frac{2n_{1j}+1}{2c}\cdot\ln\left(1+\frac{c}{T_1+T_{21}}\right) \tag{5-33 a}$$

$$\hat{\lambda}_{2j(EBS1)}=\frac{1}{c}\int_0^1\int_0^c\frac{n_{2j}+\alpha_{2j}}{\beta_{2j}+T_{22}}d\alpha_{2j}d\beta_{2j}=\frac{2n_{2j}+1}{2c}\cdot\ln\left(1+\frac{c}{T_{22}}\right) \tag{5-33 b}$$

根据公式（5-26）和公式（5-32 b），可以得到参数$\lambda_{ij}(i,j=1,2)$的E-Bayes估计，如下所示：

$$\hat{\lambda}_{1j(EBS2)}=\frac{2}{c^2}\int_0^1\int_0^c\frac{(n_{1j}+\alpha_{1j})\beta_{1j}}{\beta_{1j}+T_1+T_{21}}d\alpha_{1j}d\beta_{1j}=\frac{2n_{1j}+1}{c^2}\cdot\left[c-(T_1+T_{21})\ln(1+\frac{c}{T_1+T_{21}})\right] \tag{5-34 a}$$

$$\hat{\lambda}_{2j(EBS2)}=\frac{2}{c^2}\int_0^1\int_0^c\frac{(n_{2j}+\alpha_{2j})\beta_{2j}}{\beta_{2j}+T_{22}}d\alpha_{2j}d\beta_{2j}=\frac{2n_{2j}+1}{c^2}\cdot\left[c-T_{22}\ln(1+\frac{c}{T_{22}})\right] \tag{5-34 b}$$

5.4.2.2 基于ELF的参数的E-Bayes估计

根据公式（5-28）和公式（5-32 a），可以得到参数$\lambda_{ij}(i,j=1,2)$的E-Bayes估计，如下所示：

$$\hat{\lambda}_{1j(EBE1)}=\frac{1}{c}\int_0^1\int_0^c\frac{n_{1j}+\alpha_{1j}-1}{\beta_{1j}+T_1+T_{21}}d\alpha_{1j}d\beta_{1j}=\frac{2n_{1j}-1}{2c}\cdot\ln\left(1+\frac{c}{T_1+T_{21}}\right) \tag{5-35 a}$$

$$\hat{\lambda}_{2j(EBE1)}=\frac{1}{c}\int_0^1\int_0^c\frac{n_{2j}+\alpha_{2j}-1}{\beta_{2j}+T_{22}}d\alpha_{2j}d\beta_{2j}=\frac{2n_{2j}-1}{2c}\cdot\ln\left(1+\frac{c}{T_{22}}\right) \tag{5-35 b}$$

根据公式（5-28）和公式（5-32 b），可以得到参数$\lambda_{ij}(i,j=1,2)$的E-Bayes估计，如下所示：

$$\hat{\lambda}_{1j(EBE2)}=\frac{2}{c^2}\int_0^1\int_0^c\frac{(n_{1j}+\alpha_{1j}-1)\beta_{1j}}{\beta_{1j}+T_1+T_{21}}d\alpha_{1j}d\beta_{1j}=\frac{2n_{1j}-1}{c^2}\cdot\left[c-(T_1+T_{21})\ln(1+\frac{c}{T_1+T_{21}})\right] \tag{5-36 a}$$

$$\hat{\lambda}_{2j(EBE2)}=\frac{2}{c^2}\int_0^1\int_0^c\frac{(n_{2j}+\alpha_{2j}-1)\beta_{2j}}{\beta_{2j}+T_{22}}d\alpha_{2j}d\beta_{2j}=\frac{2n_{2j}-1}{c^2}\left[c-T_{22}\ln(1+\frac{c}{T_{22}})\right] \quad (5\text{--}36\text{ b})$$

5.4.2.3 基于 LLF 的参数的 E-Bayes 估计

根据公式（5-30）和公式（5-32 a），可以得到参数 $\lambda_{ij}(i,j=1,2)$ 的 E-Bayes 估计，如下所示：

$$\hat{\lambda}_{1j(EBL1)}=\frac{1}{c}\int_0^1\int_0^c\frac{n_{1j}+\alpha_{1j}-1}{k}\ln(1+\frac{k}{\beta_{1j}+T_1+T_{21}})d\alpha_{1j}d\beta_{1j}$$

$$=\frac{2n_{1j}-1}{2k}\left[\ln(1+\frac{k}{c+T_1+T_{21}})+\frac{T_1+T_{21}+k}{c}\ln(1+\frac{c}{T_1+T_{21}+k})-\frac{T_1+T_{21}}{c}\ln(1+\frac{c}{T_1+T_{21}})\right] \quad (5\text{--}37\text{ a})$$

$$\hat{\lambda}_{2j(EBL1)}=\frac{1}{c}\int_0^1\int_0^c\frac{n_{2j}+\alpha_{2j}-1}{k}\ln(1+\frac{k}{\beta_{2j}+T_{22}})d\alpha_{2j}d\beta_{2j}$$

$$=\frac{2n_{2j}-1}{2k}\left[\ln(1+\frac{k}{c+T_{22}})+\frac{T_{22}+k}{c}\ln(1+\frac{c}{T_{22}+k})-\frac{T_{22}}{c}\ln(1+\frac{c}{T_{22}})\right] \quad (5\text{--}37\text{ b})$$

根据公式（5-30）和公式（5-32 b），可以得到参数 $\lambda_{ij}(i,j=1,2)$ 的 E-Bayes 估计，如下所示：

$$\hat{\lambda}_{1j(EBL2)}=\frac{2}{c^2}\int_0^1\int_0^c\frac{n_{1j}+\alpha_{1j}-1}{k}\beta_{1j}\ln(1+\frac{k}{\beta_{1j}+T_1+T_{21}})d\alpha_{1j}d\beta_{1j}$$

$$=\frac{2n_{1j}-1}{2k}\left[\ln(1+\frac{k}{c+T_1+T_{21}})-\frac{(T_1+T_{21}+k)^2}{c^2}\ln(1+\frac{c}{T_1+T_{21}+k})\right.$$

$$\left.+\frac{(T_1+T_{21})^2}{c^2}\ln(1+\frac{c}{T_1+T_{21}})+\frac{k}{c}\right] \quad (5\text{--}38\text{ a})$$

$$\hat{\lambda}_{2j(EBL2)}=\frac{2}{c^2}\int_0^1\int_0^c\frac{n_{2j}+\alpha_{2j}-1}{k}\beta_{2j}\ln(1+\frac{k}{\beta_{2j}+T_{22}})d\alpha_{2j}d\beta_{2j}$$

$$=\frac{2n_{2j}-1}{2k}\left[\ln\left(1+\frac{k}{c+T_{22}}\right)-\frac{(T_{22}+k)^2}{c^2}\ln\left(1+\frac{c}{T_{22}+k}\right)\right.$$

$$\left.+\frac{T_{22}^2}{c^2}\ln\left(1+\frac{c}{T_{22}}\right)+\frac{k}{c}\right] \quad (5\text{--}38\text{ b})$$

5.4.3 参数的 H-Bayes 估计

本小节分别讨论基于 SELF、ELF 和 LLF 下参数的 H-Bayes 估计。根据公式

（5-22）和公式（5-32 a），则参数 $\lambda_{ij}(i,j=1,2)$ 的多层先验密度函数如下：

$$\pi(\lambda_{ij}) = \frac{1}{c}\int_0^1\int_0^c \frac{\beta_{ij}^{\alpha_{ij}}}{\Gamma(\alpha_{ij})}\lambda_{ij}^{\alpha_{ij}-1}e^{-\beta_{ij}\lambda_{ij}}d\alpha_{ij}d\beta_{ij} \tag{5-39}$$

根据公式（5-23）和公式（5-39），则参数 $\lambda_{ij}(i,j=1,2)$ 的后验密度函数如下：

$$
\begin{aligned}
\pi(\lambda_{1j}\mid\xi) &= \frac{\pi(t\mid\lambda_{1j})\pi(\lambda_{1j})}{\int_0^{+\infty}\pi(t\mid\lambda_{1j})\pi(\lambda_{1j})d\lambda_{1j}} \\
&= \frac{\lambda_{1j}^{n_{1j}}\times e^{-\lambda_{1j}(T_1+T_{21})}\times\frac{1}{c}\int_0^1\int_0^c\frac{\beta_{1j}^{\alpha_{1j}}}{\Gamma(\alpha_{1j})}\lambda_{1j}^{\alpha_{1j}-1}e^{-\beta_{1j}\lambda_{1j}}d\alpha_{1j}d\beta_{1j}}{\frac{1}{c}\int_0^1\int_0^c\frac{\beta_{1j}^{\alpha_{1j}}}{\Gamma(\alpha_{1j})}\left(\int_0^{+\infty}\lambda_{1j}^{n_{1j}+\alpha_{1j}-1}e^{-(\beta_{1j}+T_1+T_{21})\lambda_{1j}}d\lambda_{1j}\right)d\alpha_{1j}d\beta_{1j}} \\
&= \frac{\lambda_{1j}^{n_{1j}}\times e^{-\lambda_{1j}(T_1+T_{21})}\times\int_0^1\int_0^c\frac{\beta_{1j}^{\alpha_{1j}}}{\Gamma(\alpha_{1j})}\lambda_{1j}^{\alpha_{1j}-1}e^{-\beta_{1j}\lambda_{1j}}d\alpha_{1j}d\beta_{1j}}{\int_0^1\int_0^c\frac{\Gamma(\alpha_{1j}+n_{1j})\beta_{1j}^{\alpha_{1j}}}{\Gamma(\alpha_{1j})(\beta_{1j}+T_1+T_{21})^{n_{1j}+\alpha_{1j}-1}}d\alpha_{1j}d\beta_{1j}}
\end{aligned}
\tag{5-40 a}
$$

$$
\begin{aligned}
\pi(\lambda_{2j}\mid\xi) &= \frac{\pi(t\mid\lambda_{2j})\pi(\lambda_{2j})}{\int_0^{+\infty}\pi(t\mid\lambda_{2j})\pi(\lambda_{2j})d\lambda_{2j}} \\
&= \frac{\lambda_{2j}^{n_{2j}}\times e^{[-\lambda_{2j}T_{22}]}\times\frac{1}{c}\int_0^1\int_0^c\frac{\beta_{2j}^{\alpha_{2j}}}{\Gamma(\alpha_{2j})}\lambda_{2j}^{\alpha_{2j}-1}e^{-\beta_{2j}\lambda_{2j}}d\alpha_{2j}d\beta_{2j}}{\frac{1}{c}\int_0^1\int_0^c\frac{\beta_{2j}^{\alpha_{2j}}}{\Gamma(\alpha_{2j})}\left(\int_0^{+\infty}\lambda_{2j}^{n_{2j}+\alpha_{2j}-1}e^{-(\beta_{2j}+T_{22})\lambda_{2j}}d\lambda_{2j}\right)d\alpha_{2j}d\beta_{2j}} \\
&= \frac{\lambda_{2j}^{n_{2j}}\times e^{-\lambda_{2j}T_{22}}\times\int_0^1\int_0^c\frac{\beta_{2j}^{\alpha_{2j}}}{\Gamma(\alpha_{2j})}\lambda_{2j}^{\alpha_{2j}-1}e^{-\beta_{2j}\lambda_{2j}}d\alpha_{2j}d\beta_{2j}}{\int_0^1\int_0^c\frac{\Gamma(\alpha_{2j}+n_{2j})\beta_{2j}^{\alpha_{2j}}}{\Gamma(\alpha_{2j})(\beta_{2j}+T_{22})^{n_{2j}+\alpha_{2j}-1}}d\alpha_{2j}d\beta_{2j}}
\end{aligned}
\tag{5-40 b}
$$

根据公式（5-22）和公式（5-32 b），则参数 $\lambda_{ij}(i,j=1,2)$ 的多层先验密度函数如下：

$$\pi(\lambda_{ij}) = \frac{2}{c^2}\int_0^1\int_0^c \frac{\beta_{ij}^{\alpha_{ij}+1}}{\Gamma(\alpha_{ij})}\lambda_{ij}^{\alpha_{ij}-1}e^{-\beta_{ij}\lambda_{ij}}d\alpha_{ij}d\beta_{ij} \tag{5-41}$$

根据公式（5-23）和公式（5-41），则参数 $\lambda_{ij}(i,j=1,2)$ 的后验密度函数如下：

$$\pi(\lambda_{1j}\mid\xi) = \frac{\pi(t\mid\lambda_{1j})\pi(\lambda_{1j})}{\int_0^{+\infty}\pi(t\mid\lambda_{1j})\pi(\lambda_{1j})d\lambda_{1j}}$$

$$
\begin{aligned}
&= \frac{\lambda_{1j}^{n_{1j}} \times e^{\left[-\lambda_{1j}(T_1+T_{21})\right]} \times \dfrac{2}{c^2} \int_0^1 \int_0^c \dfrac{\beta_{1j}^{\alpha_{1j}+1}}{\Gamma(\alpha_{1j})} \lambda_{1j}^{\alpha_{1j}-1} e^{-\beta_{1j}\lambda_{1j}} d\alpha_{1j} d\beta_{1j}}{\dfrac{2}{c^2} \int_0^1 \int_0^c \dfrac{\beta_{1j}^{\alpha_{1j}+1}}{\Gamma(\alpha_{1j})} \left(\int_0^{+\infty} \lambda_{1j}^{n_{1j}+\alpha_{1j}-1} e^{-(\beta_{1j}+T_1+T_{21})\lambda_{1j}} d\lambda_{1j}\right) d\alpha_{1j} d\beta_{1j}} \\[2ex]
&= \frac{\lambda_{1j}^{n_{1j}} \times e^{\left[-\lambda_{1j}(T_1+T_{21})\right]} \times \int_0^1 \int_0^c \dfrac{\beta_{1j}^{\alpha_{1j}+1}}{\Gamma(\alpha_{1j})} \lambda_{1j}^{\alpha_{1j}-1} e^{-\beta_{1j}\lambda_{1j}} d\alpha_{1j} d\beta_{1j}}{\int_0^1 \int_0^c \dfrac{\Gamma(\alpha_{1j}+n_{1j})\beta_{1j}^{\alpha_{1j}+1}}{\Gamma(\alpha_{1j})(\beta_{1j}+T_1+T_{21})^{n_{1j}+\alpha_{1j}-1}} d\alpha_{1j} d\beta_{1j}}
\end{aligned}
\tag{5-42 a}
$$

$$
\begin{aligned}
\pi(\lambda_{2j}|\xi) &= \frac{\pi(t|\lambda_{2j})\pi(\lambda_{2j})}{\int_0^{+\infty} \pi(t|\lambda_{2j})\pi(\lambda_{2j}) d\lambda_{2j}} \\[2ex]
&= \frac{\lambda_{2j}^{n_{2j}} \times e^{\left[-\lambda_{2j}T_{22}\right]} \times \dfrac{2}{c^2} \int_0^1 \int_0^c \dfrac{\beta_{2j}^{\alpha_{2j}+1}}{\Gamma(\alpha_{2j})} \lambda_{2j}^{\alpha_{2j}-1} e^{-\beta_{2j}\lambda_{2j}} d\alpha_{2j} d\beta_{2j}}{\dfrac{2}{c^2} \int_0^1 \int_0^c \dfrac{\beta_{2j}^{\alpha_{2j}+1}}{\Gamma(\alpha_{2j})} \left(\int_0^{+\infty} \lambda_{2j}^{n_{2j}+\alpha_{2j}-1} e^{-(\beta_{2j}+T_{22})\lambda_{2j}} d\lambda_{2j}\right) d\alpha_{2j} d\beta_{2j}} \\[2ex]
&= \frac{\lambda_{2j}^{n_{2j}} \times e^{-\lambda_{2j}T_{22}} \times \int_0^1 \int_0^c \dfrac{\beta_{2j}^{\alpha_{2j}+1}}{\Gamma(\alpha_{2j})} \lambda_{2j}^{\alpha_{2j}-1} e^{-\beta_{2j}\lambda_{2j}} d\alpha_{2j} d\beta_{2j}}{\int_0^1 \int_0^c \dfrac{\Gamma(\alpha_{2j}+n_{2j})\beta_{2j}^{\alpha_{2j}+1}}{\Gamma(\alpha_{2j})(\beta_{2j}+T_{22})^{n_{2j}+\alpha_{2j}-1}} d\alpha_{2j} d\beta_{2j}}
\end{aligned}
\tag{5-42 b}
$$

5.4.3.1　基于 SELF 的参数的 H-Bayes 估计

根据公式（5-25）和公式（5-40），可以得到参数 $\lambda_{ij}(i,j=1,2)$ 的 H-Bayes 估计，如下所示：

$$
\begin{aligned}
\hat{\lambda}_{1j(HBS1)} &= \int_0^{+\infty} \lambda_{1j} \pi(\lambda_{1j}|\xi) d\lambda_{1j} \\[2ex]
&= \frac{\int_0^1 \int_0^c \dfrac{\Gamma(\alpha_{1j}+n_{1j}+1)\beta_{1j}^{\alpha_{1j}}}{\Gamma(\alpha_{1j})(\beta_{1j}+T_1+T_{21})^{n_{1j}+\alpha_{1j}}} d\alpha_{1j} d\beta_{1j}}{\int_0^1 \int_0^c \dfrac{\Gamma(\alpha_{1j}+n_{1j})\beta_{1j}^{\alpha_{1j}}}{\Gamma(\alpha_{1j})(\beta_{1j}+T_1+T_{21})^{n_{1j}+\alpha_{1j}-1}} d\alpha_{1j} d\beta_{1j}}
\end{aligned}
\tag{5-43 a}
$$

$$
\begin{aligned}
\hat{\lambda}_{2j(HBS1)} &= \int_0^{+\infty} \lambda_{2j} \pi(\lambda_{2j}|\xi) d\lambda_{2j} \\[2ex]
&= \frac{\int_0^1 \int_0^c \dfrac{\Gamma(\alpha_{2j}+n_{2j}+1)\beta_{2j}^{\alpha_{2j}}}{\Gamma(\alpha_{2j})(\beta_{1j}+T_{22})^{n_{2j}+\alpha_{2j}}} d\alpha_{2j} d\beta_{2j}}{\int_0^1 \int_0^c \dfrac{\Gamma(\alpha_{2j}+n_{2j})\beta_{2j}^{\alpha_{2j}}}{\Gamma(\alpha_{2j})(\beta_{2j}+T_{22})^{n_{2j}+\alpha_{2j}-1}} d\alpha_{2j} d\beta_{2j}}
\end{aligned}
\tag{5-43 b}
$$

根据公式（5-25）和公式（5-42），可以得到参数 $\lambda_{ij}(i,j=1,2)$ 的 H-Bayes 估计，如下所示：

$$
\begin{aligned}
\hat{\lambda}_{1j(HBS2)} &= \int_0^{+\infty} \lambda_{1j} \pi(\lambda_{1j} \mid \xi) d\lambda_{1j} \\
&= \frac{\displaystyle\int_0^1 \int_0^c \frac{\Gamma(\alpha_{1j}+n_{1j}+1)\beta_{1j}^{\alpha_{1j}+1}}{\Gamma(\alpha_{1j})(\beta_{1j}+T_1+T_{21})^{n_{1j}+\alpha_{1j}}} d\alpha_{1j} d\beta_{1j}}{\displaystyle\int_0^1 \int_0^c \frac{\Gamma(\alpha_{1j}+n_{1j})\beta_{1j}^{\alpha_{1j}+1}}{\Gamma(\alpha_{1j})(\beta_{1j}+T_1+T_{21})^{n_{1j}+\alpha_{1j}-1}} d\alpha_{1j} d\beta_{1j}}
\end{aligned}
\tag{5-44 a}
$$

$$
\begin{aligned}
\hat{\lambda}_{2j(HBS2)} &= \int_0^{+\infty} \lambda_{2j} \pi(\lambda_{2j} \mid \xi) d\lambda_{2j} \\
&= \frac{\displaystyle\int_0^1 \int_0^c \frac{\Gamma(\alpha_{2j}+n_{2j}+1)\beta_{2j}^{\alpha_{2j}+1}}{\Gamma(\alpha_{2j})(\beta_{2j}+T_{22})^{n_{2j}+\alpha_{2j}}} d\alpha_{2j} d\beta_{2j}}{\displaystyle\int_0^1 \int_0^c \frac{\Gamma(\alpha_{2j}+n_{2j})\beta_{2j}^{\alpha_{2j}+1}}{\Gamma(\alpha_{2j})(\beta_{2j}+T_{22})^{n_{2j}+\alpha_{2j}-1}} d\alpha_{2j} d\beta_{2j}}
\end{aligned}
\tag{5-44 b}
$$

5.4.3.2 基于 ELF 的参数的 H-Bayes 估计

根据公式（5-27）和公式（5-40），可以得到参数 $\lambda_{ij}(i,j=1,2)$ 的 H-Bayes 估计，如下所示：

$$
\begin{aligned}
\hat{\lambda}_{1j(HBE1)} &= 1 \Big/ \int_0^{+\infty} \lambda_{1j}^{-1} \pi(\lambda_{1j} \mid \xi) d\lambda_{1j} \\
&= \frac{\displaystyle\int_0^1 \int_0^c \frac{\Gamma(\alpha_{1j}+n_{1j})\beta_{1j}^{\alpha_{1j}}}{\Gamma(\alpha_{1j})(\beta_{1j}+T_1+T_{21})^{n_{1j}+\alpha_{1j}-1}} d\alpha_{1j} d\beta_{1j}}{\displaystyle\int_0^1 \int_0^c \frac{\Gamma(\alpha_{1j}+n_{1j}-1)\beta_{1j}^{\alpha_{1j}}}{\Gamma(\alpha_{1j})(\beta_{1j}+T_1+T_{21})^{n_{1j}+\alpha_{1j}-2}} d\alpha_{1j} d\beta_{1j}}
\end{aligned}
\tag{5-45 a}
$$

$$
\begin{aligned}
\hat{\lambda}_{2j(HBE1)} &= 1 \Big/ \int_0^{+\infty} \lambda_{2j}^{-1} \pi(\lambda_{2j} \mid \xi) d\lambda_{2j} \\
&= \frac{\displaystyle\int_0^1 \int_0^c \frac{\Gamma(\alpha_{2j}+n_{2j})\beta_{2j}^{\alpha_{2j}}}{\Gamma(\alpha_{2j})(\beta_{2j}+T_{22})^{n_{2j}+\alpha_{2j}-1}} d\alpha_{2j} d\beta_{2j}}{\displaystyle\int_0^1 \int_0^c \frac{\Gamma(\alpha_{2j}+n_{2j}-1)\beta_{2j}^{\alpha_{2j}}}{\Gamma(\alpha_{2j})(\beta_{2j}+T_{22})^{n_{2j}+\alpha_{2j}-2}} d\alpha_{2j} d\beta_{2j}}
\end{aligned}
\tag{5-45 b}
$$

根据公式（5-27）和公式（5-42），可以得到参数 $\lambda_{ij}(i,j=1,2)$ 的 H-Bayes 估计，如下所示：

$$
\begin{aligned}
\hat{\lambda}_{1j(HBE2)} &= 1 \Big/ \int_0^{+\infty} \lambda_{1j}^{-1} \pi(\lambda_{1j} \mid \xi) d\lambda_{1j} \\
&= \frac{\displaystyle\int_0^1 \int_0^c \frac{\Gamma(\alpha_{1j}+n_{1j})\beta_{1j}^{\alpha_{1j}+1}}{\Gamma(\alpha_{1j})(\beta_{1j}+T_1+T_{21})^{n_{1j}+\alpha_{1j}-1}} d\alpha_{1j} d\beta_{1j}}{\displaystyle\int_0^1 \int_0^c \frac{\Gamma(\alpha_{1j}+n_{1j}-1)\beta_{1j}^{\alpha_{1j}+1}}{\Gamma(\alpha_{1j})(\beta_{1j}+T_1+T_{21})^{n_{1j}+\alpha_{1j}-2}} d\alpha_{1j} d\beta_{1j}}
\end{aligned}
\tag{5-46 a}
$$

$$\hat{\lambda}_{2j(HBE2)} = 1 / \int_0^{+\infty} \lambda_{2j}^{-1} \pi(\lambda_j \mid \xi) d\lambda_{2j}$$

$$= \frac{\displaystyle\int_0^1 \int_0^c \frac{\Gamma(\alpha_{2j} + n_{2j})\beta_{2j}^{\alpha_{2j}+1}}{\Gamma(\alpha_{2j})(\beta_{2j} + T_{22})^{n_{2j}+\alpha_{2j}-1}} d\alpha_{2j} d\beta_{2j}}{\displaystyle\int_0^1 \int_0^c \frac{\Gamma(\alpha_{2j} + n_{2j} - 1)\beta_{2j}^{\alpha_{2j}+1}}{\Gamma(\alpha_{2j})(\beta_{2j} + T_{22})^{n_{2j}+\alpha_{2j}-2}} d\alpha_{2j} d\beta_{2j}} \qquad (5\text{-}46\,b)$$

5.4.3.3 基于 LLF 的参数的 H-Bayes 估计

根据公式（5-29）和公式（5-41），可以得到参数 $\lambda_{ij}(i, j = 1, 2)$ 的 H-Bayes 估计，如下所示：

$$\hat{\lambda}_{1j(HBL1)} = -\frac{1}{k} \ln\left(\int_0^{+\infty} e^{-k\lambda_{1j}} \pi(\lambda_{1j} \mid \xi) d\lambda_{1j} \right)$$

$$= -\frac{1}{k} \ln \frac{\displaystyle\int_0^1 \int_0^c \frac{\Gamma(\alpha_{1j} + n_{1j})\beta_{1j}^{\alpha_{1j}}}{\Gamma(\alpha_{1j})(\beta_{1j} + T_1 + T_{21} + k)^{n_{1j}+\alpha_{1j}-1}} d\alpha_{1j} d\beta_{1j}}{\displaystyle\int_0^1 \int_0^c \frac{\Gamma(\alpha_{1j} + n_{1j})\beta_{1j}^{\alpha_{1j}}}{\Gamma(\alpha_{1j})(\beta_{1j} + T_1 + T_{21})^{n_{1j}+\alpha_{1j}-1}} d\alpha_{1j} d\beta_{1j}} \qquad (5\text{-}47\,a)$$

$$\hat{\lambda}_{2j(HBL1)} = -\frac{1}{k} \ln\left(\int_0^{+\infty} e^{-k\lambda_{2j}} \pi(\lambda_{2j} \mid \xi) d\lambda_{2j} \right)$$

$$= -\frac{1}{k} \ln \frac{\displaystyle\int_0^1 \int_0^c \frac{\Gamma(\alpha_{2j} + n_{2j})\beta_{2j}^{\alpha_{2j}}}{\Gamma(\alpha_{2j})(\beta_{2j} + T_{22} + k)^{n_{2j}+\alpha_{2j}-1}} d\alpha_{2j} d\beta_{2j}}{\displaystyle\int_0^1 \int_0^c \frac{\Gamma(\alpha_{2j} + n_{2j})\beta_{2j}^{\alpha_{2j}}}{\Gamma(\alpha_{2j})(\beta_{2j} + T_{22})^{n_{2j}+\alpha_{2j}-1}} d\alpha_{2j} d\beta_{2j}} \qquad (5\text{-}47\,b)$$

根据公式（5-29）和公式（5-42），可以得到参数 $\lambda_{ij}(i, j = 1, 2)$ 的 H-Bayes 估计，如下所示：

$$\hat{\lambda}_{1j(HBL2)} = -\frac{1}{k} \ln\left(\int_0^{+\infty} e^{-k\lambda_{1j}} \pi(\lambda_{1j} \mid \xi) d\lambda_{1j} \right)$$

$$= -\frac{1}{k} \ln \frac{\displaystyle\int_0^1 \int_0^c \frac{\Gamma(\alpha_{1j} + n_{1j})\beta_{1j}^{\alpha_{1j}+1}}{\Gamma(\alpha_{1j})(\beta_{1j} + T_1 + T_{21} + k)^{n_{1j}+\alpha_{1j}-1}} d\alpha_{1j} d\beta_{1j}}{\displaystyle\int_0^1 \int_0^c \frac{\Gamma(\alpha_{1j} + n_{1j})\beta_{1j}^{\alpha_{1j}+1}}{\Gamma(\alpha_{1j})(\beta_{1j} + T_1 + T_{21})^{n_{1j}+\alpha_{1j}-1}} d\alpha_{1j} d\beta_{1j}} \qquad (5\text{-}48\,a)$$

$$\hat{\lambda}_{2j(HBL2)} = -\frac{1}{k} \ln\left(\int_0^{+\infty} e^{-k\lambda_{2j}} \pi(\lambda_{2j} \mid \xi) d\lambda_{2j} \right)$$

$$= -\frac{1}{k} \ln \frac{\displaystyle\int_0^1 \int_0^c \frac{\Gamma(\alpha_{2j} + n_{2j})\beta_{2j}^{\alpha_{2j}+1}}{\Gamma(\alpha_{2j})(\beta_{2j} + T_{22} + k)^{n_{2j}+\alpha_{2j}-1}} d\alpha_{2j} d\beta_{2j}}{\displaystyle\int_0^1 \int_0^c \frac{\Gamma(\alpha_{2j} + n_{2j})\beta_{2j}^{\alpha_{2j}+1}}{\Gamma(\alpha_{2j})(\beta_{2j} + T_{22})^{n_{2j}+\alpha_{2j}-1}} d\alpha_{2j} d\beta_{2j}} \qquad (5\text{-}48\,b)$$

5.4.4　HPD置信区间估计

Bayes 统计在区间估计中只需要利用后验概率密度函数，最短的置信区间即为HPD置信区间。根据文献[136]步骤如下：

步骤一：令$N=1000$，基于后验密度$\pi(\lambda_{ij}|\xi)$，产生MCMC样本$\hat{\lambda}^{*}_{ijk}$$(i,j=1,2;k=1,\cdots,N)$；

步骤二：将$\hat{\lambda}^{*}_{ijk}(i,j=1,2;k=1,\cdots,N)$按升序排列，得到$\hat{\lambda}^{*[1]}_{ij}<\hat{\lambda}^{*[2]}_{ij}<\cdots<\hat{\lambda}^{*[N]}_{ij}$，$i,j=1,2$；

步骤三：计算置信度为$100(1-\gamma)\%$的置信区间为

$$\left(\hat{\lambda}^{*[m]}_{ij},\hat{\lambda}^{*[m+(1-\gamma)N]}_{ij}\right),m=1,2,\cdots[\gamma N] \tag{5-49}$$

步骤四：通过计算$\hat{\lambda}^{*[m^{*}+(1-\gamma)N]}_{ij}-\hat{\lambda}^{*[m^{*}]}_{ij}<\hat{\lambda}^{*[m+(1-\gamma)N]}_{ij}-\hat{\lambda}^{*[m]}_{ij}$，得到参数$\lambda_{ij}(i,j=1,2)$的HPD置信区间$\left(\hat{\lambda}^{*[m^{*}]}_{ij},\hat{\lambda}^{*[m^{*}+(1-\gamma)N]}_{ij}\right)$。

5.5　数值模拟与分析

5.5.1　数值模拟

本小节中用MCMC算法来模拟上述加速寿命模型参数估计方法以及置信区间的估计方法，其中使用到的试验样本和对应的截尾样本如表5-1所示。在模拟试验中给定参数的真值分别为$\lambda_{11}=2.0$，$\lambda_{12}=1.0$，$\lambda_{21}=4.0$，$\lambda_{22}=2.0$和$N=1000$。在不同的截尾方案中，对于不同的参数估计方法将通过均值（Average Estimates，AEs）和均方误差（Mean Square Errors，MSEs）两个性能指标进行比较。公式如下：

$$AE_{ij}=\frac{1}{N}\sum_{k=1}^{N}\hat{\lambda}^{(k)}_{ij} \tag{5-50}$$

$$MSE_{ij}=\sqrt{\frac{1}{N}\sum_{k=1}^{N}\left(\lambda_{ij}-\hat{\lambda}^{(k)}_{ij}\right)^{2}} \tag{5-51}$$

其中$\hat{\lambda}^{(k)}_{ij}$是参数$\lambda_{ij}(i,j=1,2)$的第k次参数估计值。

数值模拟步骤如下：

步骤一：基于不同的截尾方案，在给定的参数真值下随机产生渐进Ⅱ型截尾样本；

步骤二：根据公式（5-13）和公式（5-17），计算参数$\lambda_{ij}(i,j=1,2)$的MLEs估计值以及对应的渐进置信区间；

步骤三：根据公式（5–18）和公式（5–19），计算参数$\lambda_{ij}(i,j=1,2)$的Bootstrap-p置信区间以及Bootstrap-t置信区间，公式中的$B=1000$；

步骤四：根据公式（5–26），公式（5–28）和公式（5–30），计算参数$\lambda_{ij}(i,j=1,2)$的Bayes估计值；根据公式（5–33）至公式（5–38），计算参数$\lambda_{ij}(i,j=1,2)$的E-Bayes估计值；根据公式（5–43）至公式（5–48），计算参数$\lambda_{ij}(i,j=1,2)$的H-Bayes估计值；根据公式（5–49），计算参数$\lambda_{ij}(i,j=1,2)$对应的HPD置信区间；

步骤五：重复步骤一至步骤四N次，根据公式（5–50）和公式（5–51）计算参数$\lambda_{ij}(i,j=1,2)$的AEs和MSEs，试验结果见表5–2至表5–13；

步骤六：计算参数$\lambda_{ij}(i,j=1,2)$的MLEs渐进置信区间、Bootstrap-p置信区间、Bootstrap-t置信区间、Bayes置信区间、E-Bayes置信区间、H-Bayes置信区间的区间平均长度（Average Lengths，ALs）以及95%的置信区间的覆盖率（Coverage Probabilities，CPs），试验结果见表5–14至表5–17；

步骤七：计算参数$\lambda_{ij}(i,j=1,2)$的Bayes的HPD置信区间、E-Bayes的HPD置信区间、H-Bayes的HPD置信区间的ALs以及95%的置信区间的CPs，试验结果见表5–18至表5–21。

表5–1　试验样本

方案	N	N_1	N_2	$\sum_{i=1}^{N_1}R_i$	$\sum_{i=N_1+1}^{N_2}R_i$	$(R_1,\cdots,R_{N_1})(R_{N_1+1},\cdots,R_{N_1+N_2})$
1	40	15	15	5	5	$(0,\cdots,0,1,1,2,1)$ $(0,\cdots,0,1,1,2,1)$
		20	10	5	5	$(0,\cdots,0,1,2,2)$ $(0,\cdots,0,1,2,2)$
		10	20	5	5	$(0,\cdots,0,1,2,2)$ $(0,\cdots,0,1,2,2)$
2	60	23	23	7	7	$(0,\cdots,0,1,2,2,2)$ $(0,\cdots,0,1,2,2,2)$
		30	16	8	6	$(0,\cdots,0,2,2,2,2)$ $(0,\cdots,0,2,2,2,2)$
		16	30	6	8	$(0,\cdots,0,2,2,2)$ $(0,\cdots,0,2,2,2)$
3	80	30	30	10	10	$(1,1,2,1,0,\cdots,1,2,1,1)$ $(1,1,2,1,0,\cdots,1,2,1,1)$
		40	20	14	6	$(2,2,2,1,0,\cdots,0,1,2,2,2)(1,1,1,0,\cdots,0,1,1,1)$
		20	40	6	14	$(1,1,1,0,\cdots,0,1,1,1)(2,2,2,1,0,\cdots0,1,2,2,2)$

表5–2　基于SELF的参数$\lambda_{11}=2$的均值和均方误差

N	N_1	N_2	$\hat{\lambda}_{11MLE}$		$\hat{\lambda}_{11BS}$		$\hat{\lambda}_{11EBS}$		$\hat{\lambda}_{11HBS}$		**Best estimator**
			AE	MSE	AE	MSE	AE	MSE	AE	MSE	
40	15	15	2.1316	0.3675	2.1096	0.2468	2.1184	0.2479	2.1303	0.2127	Bayesian
							2.1186	0.2393	2.1324	0.1796	

续　表

N	N_1	N_2	$\hat{\lambda}_{11MLE}$		$\hat{\lambda}_{11BS}$		$\hat{\lambda}_{11EBS}$		$\hat{\lambda}_{11HBS}$		Best estimator
			AE	MSE	AE	MSE	AE	MSE	AE	MSE	
40	20	10	1.9062	0.2472	2.0919	0.2085	2.0926 / 2.0942	0.1945 / 0.1914	2.1075 / 2.1123	0.2110 / 0.2063	E-Bayesian
	10	20	1.8803	0.4243	2.1068	0.3296	1.9524 / 1.9449	0.2451 / 0.2557	2.1519 / 2.1570	0.3470 / 0.3449	E-Bayesian
60	23	23	2.1254	0.2442	2.0999	0.2549	1.9859 / 1.9780	0.2123 / 0.2091	2.1227 / 2.1152	0.2425 / 0.2124	E-Bayesian
	30	16	2.0985	0.2049	2.1071	0.2037	1.9273 / 1.9197	0.1951 / 0.1901	2.0932 / 2.0980	0.2031 / 0.2003	E-Bayesian
	16	30	2.1434	0.3891	2.1207	0.2645	1.8931 / 1.8860	0.2072 / 0.2045	2.1113 / 2.1087	0.1166 / 0.1019	H-Bayesian
80	30	30	2.1136	0.2258	1.9085	0.2485	1.9216 / 1.9249	0.2143 / 0.2112	2.0962 / 2.1036	0.2040 / 0.2078	E-Bayesian
	40	20	2.1078	0.1519	2.0905	0.1318	1.9602 / 1.9630	0.1588 / 0.1572	2.0461 / 2.0381	0.1303 / 0.1322	H-Bayesian
	20	40	2.1399	0.4156	2.1530	0.3687	2.1537 / 2.1539	0.3251 / 0.3438	2.0943 / 2.1067	0.1377 / 0.1378	H-Bayesian

表5-3　基于ELF的参数 $\lambda_{11}=2$ 的均值和均方误差

N	N_1	N_2	$\hat{\lambda}_{11MLE}$		$\hat{\lambda}_{11BE}$		$\hat{\lambda}_{11EBE}$		$\hat{\lambda}_{11HBE}$		Best estimator
			AE	MSE	AE	MSE	AE	MSE	AE	MSE	
40	15	15	2.1316	0.3675	2.1096	0.2468	2.0687 / 2.0592	0.1897 / 0.1821	2.1296 / 2.1275	0.2076 / 0.2080	E-Bayesian
	20	10	1.9062	0.2472	2.0919	0.2085	2.0143 / 2.0162	0.1382 / 0.1377	2.0760 / 2.0786	0.1502 / 0.1573	E-Bayesian
	10	20	1.8803	0.4243	2.1068	0.3296	1.8916 / 1.8985	0.3546 / 0.3549	2.1107 / 2.1039	0.3380 / 0.3479	Bayesian
60	23	23	2.1254	0.2442	2.0999	0.2549	1.9082 / 1.9106	0.2043 / 0.2013	2.0982 / 2.0901	0.2124 / 0.2301	E-Bayesian
	30	16	2.0985	0.2049	2.1071	0.2037	1.9439 / 1.9366	0.2714 / 0.2667	2.0956 / 2.1010	0.1884 / 0.1879	E-Bayesian
	16	30	2.1434	0.3891	2.1207	0.2645	1.8203 / 1.8067	0.2962 / 0.2912	2.1189 / 2.1027	0.1978 / 0.1830	H-Bayesian
80	30	30	2.1136	0.2258	1.9085	0.2485	1.9114 / 1.9149	0.2170 / 0.2140	2.0937 / 2.1025	0.2252 / 0.2267	E-Bayesian
	40	20	2.1078	0.1519	2.0905	0.1318	1.9012 / 1.8943	0.1528 / 0.1512	2.0286 / 2.0417	0.1282 / 0.1328	H-Bayesian
	20	40	2.1399	0.4156	2.1530	0.3687	2.1560 / 2.1566	0.3763 / 0.3592	2.1097 / 2.1003	0.1128 / 0.1129	H-Bayesian

表5-4　基于LLF的参数 $\lambda_{11}=2$ 的均值和均方误差

N	N_1	N_2	$\hat{\lambda}_{11MLE}$		$\hat{\lambda}_{11BL}$		$\hat{\lambda}_{11EBL}$		$\hat{\lambda}_{11HBL}$		Best estimator
			AE	MSE	AE	MSE	AE	MSE	AE	MSE	
40	15	15	2.1316	0.3675	2.1096	0.2468	2.0899	0.1552	1.9033	0.2183	E-Bayesian
							2.0806	0.1384	1.9002	0.2048	
	20	10	1.9062	0.2472	2.0919	0.2085	1.9982	0.1373	1.9589	0.1540	E-Bayesian
							1.9902	0.1336	1.9596	0.1573	
	10	20	1.8803	0.4243	2.1068	0.3296	1.8974	0.4364	1.8978	0.3942	Bayesian
							1.9001	0.4402	1.8981	2.3899	
60	23	23	2.1254	0.2442	2.0999	0.2549	1.9231	0.2384	1.9777	0.2005	H-Bayesian
							1.9257	0.2354	1.9729	0.2034	
	30	16	2.0985	0.2049	2.1071	0.2037	1.9294	0.2624	1.88115	0.2612	E-Bayesian
							1.9223	0.2779	1.8821	0.2681	
	16	30	2.1434	0.3891	2.1207	0.2645	1.8967	0.3912	1.8862	0.2804	Bayesian
							1.8992	0.3878	1.8879	0.2832	
80	30	30	2.1136	0.2258	1.9085	0.2485	1.9185	0.1911	1.9192	0.2528	E-Bayesian
							1.9178	0.1882	1.9224	0.2446	
80	40	20	2.1078	0.1519	2.0905	0.1318	1.9043	0.1512	2.0596	0.1308	H-Bayesian
							1.9075	0.1496	2.0630	0.1353	
	20	40	2.1399	0.4156	2.1530	0.3687	2.1474	0.3265	1.9133	0.2101	H-Bayesian
							2.1574	0.3329	1.9262	0.2214	

表5-5　基于SELF的参数 $\lambda_{12}=1$ 的均值和均方误差

N	N_1	N_2	$\hat{\lambda}_{12MLE}$		$\hat{\lambda}_{12BS}$		$\hat{\lambda}_{12EBS}$		$\hat{\lambda}_{12HBS}$		Best estimator
			AE	MSE	AE	MSE	AE	MSE	AE	MSE	
40	15	15	1.1003	0.1838	1.0913	0.1027	1.1193	0.1115	1.1468	0.1372	Bayesian
							1.1148	0.1106	1.1226	0.1327	
	20	10	1.0576	0.1601	1.0912	0.1186	1.0477	0.1084	1.1240	0.1581	E-Bayesian
							1.0533	0.1074	1.1219	0.1623	
	10	20	1.1408	0.2634	1.1717	0.2732	0.8999	0.1129	1.1526	0.2228	E-Bayesian
							0.8958	0.1058	1.1578	0.2178	
60	23	23	1.1217	0.1944	1.1131	0.1578	1.1003	0.1486	1.1148	0.1780	E-Bayesian
							1.1072	0.1369	1.1141	0.1776	
	30	16	1.0917	0.11457	1.0994	0.1185	1.0848	0.1449	1.1096	0.1348	E-Bayesian
							1.0801	0.1433	1.1075	0.1388	
	16	30	1.1888	0.2456	1.2075	0.2338	1.1925	0.2225	1.1736	0.2135	H-Bayesian
							1.1883	0.2201	1.1739	0.2269	
80	30	30	1.1232	0.1987	1.1311	0.1297	1.1482	0.1671	1.1202	0.1138	H-Bayesian
							1.1446	0.1658	1.1245	0.1172	
	40	20	0.9247	0.1302	1.1080	0.1239	0.9460	0.1163	1.0239	0.1128	H-Bayesian
							0.9524	0.1148	1.0268	0.1078	
	20	40	1.1438	0.2784	1.1605	0.2697	1.1414	0.1809	1.2026	0.2323	E-Bayesian
							1.1356	0.1758	1.1932	0.2443	

表5-6 基于ELF的参数 $\lambda_{12}=1$ 的均值和均方误差

N	N_1	N_2	$\hat{\lambda}_{12MLE}$		$\hat{\lambda}_{12BE}$		$\hat{\lambda}_{12EBE}$		$\hat{\lambda}_{12HBE}$		Best estimator
			AE	MSE	AE	MSE	AE	MSE	AE	MSE	
40	15	15	1.1003	0.1838	1.0913	0.1027	1.0796	0.1088	1.1831	0.1290	E-Bayesian
							1.0854	0.1079	1.1816	0.1248	
	20	10	1.0576	0.1601	1.0912	0.1186	1.1394	0.1290	1.1665	0.1238	Bayesian
							1.1353	0.1281	1.1667	0.1210	
	10	20	1.1408	0.2634	1.1717	0.2732	0.9792	0.1233	1.1976	0.2335	E-Bayesian
							0.9853	0.1176	1.1955	0.2300	
60	23	23	1.1217	0.1944	1.1131	0.1578	1.1042	0.1353	1.0804	0.1620	H-Bayesian
							1.0997	0.1436	1.0911	0.1694	
	30	16	1.0917	0.11457	1.0994	0.1185	1.0213	0.1418	1.0812	0.1279	E-Bayesian
							1.0182	0.1425	1.0907	0.1324	
	16	30	1.1888	0.2456	1.2075	0.2338	1.1797	0.2108	1.1570	0.1902	H-Bayesian
							1.1757	0.2086	1.1667	0.2003	
80	30	30	1.1232	0.1987	1.1311	0.1297	1.1380	0.1658	1.0455	0.1727	H-Bayesian
							1.1347	0.1653	1.0448	0.1871	
	40	20	0.9247	0.1302	1.1080	0.1239	0.9740	0.1120	1.0234	0.1339	E-Bayesian
							0.9806	0.1106	1.0203	0.1323	
	20	40	1.1438	0.2784	1.1605	0.2697	0.9638	0.1578	1.1224	0.1650	E-Bayesian
							0.9671	0.1654	1.1168	0.1901	

表5-7 基于LLF的参数 $\lambda_{12}=1$ 的均值和均方误差

N	N_1	N_2	$\hat{\lambda}_{12MLE}$		$\hat{\lambda}_{12BL}$		$\hat{\lambda}_{12EBL}$		$\hat{\lambda}_{12HBL}$		Best estimator
			AE	MSE	AE	MSE	AE	MSE	AE	MSE	
40	15	15	1.1003	0.1838	1.0913	0.1027	1.09727	0.1062	1.1043	0.1034	E-Bayesian
							1.08002	0.1123	1.0951	0.1067	
	20	10	1.0576	0.1601	1.0912	0.1186	1.0474	0.0862	1.0404	0.1041	E-Bayesian
							1.0465	0.0973	1.0430	0.0936	
	10	20	1.1408	0.2634	1.1717	0.2732	0.8978	0.1638	1.0372	0.1402	H-Bayesian
							0.9012	0.1579	1.0348	0.1587	
60	23	23	1.1217	0.1944	1.1131	0.1578	1.1110	0.1303	1.0933	0.1274	H-Bayesian
							1.1023	0.1294	1.0974	0.1017	
	30	16	1.0917	0.11457	1.0994	0.1185	1.0883	0.1401	1.0523	0.0992	H-Bayesian
							1.0898	0.1398	1.0638	0.1274	
	16	30	1.1888	0.2456	1.2075	0.2338	1.0379	0.2043	1.0642	0.2473	E-Bayesian
							1.0381	0.2396	1.0778	1.2106	
80	30	30	1.1232	0.1987	1.1311	0.1297	1.1228	0.1628	0.9898	0.1212	H-Bayesian
							1.1235	0.1579	0.9954	0.1174	
	40	20	0.9247	0.1302	1.1080	0.1239	0.9398	0.1079	1.0232	0.1103	H-Bayesian
							0.9378	0.1022	1.0250	0.1080	
	20	40	1.1438	0.2784	1.1605	0.2697	0.9225	0.1427	1.1789	0.2319	E-Bayesian
							0.9279	0.1529	1.1829	0.2296	

表5-8 基于SELF的参数$\lambda_{21}=4$的均值和均方误差

N	N_1	N_2	$\hat{\lambda}_{21MLE}$		$\hat{\lambda}_{21BS}$		$\hat{\lambda}_{21EBS}$		$\hat{\lambda}_{21HBS}$		Best estimator
			AE	MSE	AE	MSE	AE	MSE	AE	MSE	
40	15	15	4.1663	0.4725	4.1064	0.4414	4.0965	0.3378	4.1217	0.4314	E-Bayesian
							4.0858	0.3412	4.1218	0.4237	
	20	10	3.8763	0.3794	3.8847	0.3358	3.8802	0.4354	4.1941	0.4779	Bayesian
							3.8544	0.4401	4.1809	0.4649	
	10	20	3.8647	0.2439	3.9082	0.2629	3.9169	0.3313	4.1012	0.4153	E-Bayesian
							3.9129	0.3137	4.1035	0.3988	
60	23	23	4.1242	0.3815	4.1293	0.3983	4.0857	0.3735	4.0566	0.3280	H-Bayesian
							4.0917	0.3621	4.0863	0.3312	
	30	16	4.2365	0.3178	3.8594	0.2615	4.1617	0.3239	4.1217	0.2613	H-Bayesian
							4.1559	0.3190	4.1234	0.2529	
	16	30	3.8569	0.3102	3.8924	0.2797	3.9007	0.2444	4.1224	0.3628	E-Bayesian
							3.9021	0.2503	4.1306	0.3604	
80	30	30	3.7681	0.3148	3.8223	0.3125	3.8469	0.2884	4.1125	0.2189	H-Bayesian
							3.8434	0.2935	4.1174	0.2108	
	40	20	4.2147	0.4041	4.1542	0.3706	4.1178	0.2516	4.1345	0.3605	E-Bayesian
							4.1126	0.2775	4.1321	0.3768	
	20	40	3.8704	0.2463	3.8951	0.2506	3.9149	0.3190	4.0890	0.3378	H-Bayesian
							3.9184	0.3220	4.0927	0.3276	

表5-9 基于ELF的参数$\lambda_{21}=4$的均值和均方误差

N	N_1	N_2	$\hat{\lambda}_{21MLE}$		$\hat{\lambda}_{21BE}$		$\hat{\lambda}_{21EBE}$		$\hat{\lambda}_{21HBE}$		Best estimator
			AE	MSE	AE	MSE	AE	MSE	AE	MSE	
40	15	15	4.1663	0.4725	4.1064	0.4414	4.0831	0.2848	4.1256	0.3752	E-Bayesian
							4.0788	0.2764	4.1168	0.3710	
	20	10	3.8763	0.3794	3.8847	0.3358	3.8530	0.4329	4.1303	0.3854	Bayesian
							3.8612	0.4275	4.1295	0.3253	
	10	20	3.8647	0.2439	3.9082	0.2629	3.8960	0.1453	4.1041	0.2415	E-Bayesian
							3.8994	0.1581	4.1019	0.2482	
60	23	23	4.1242	0.3815	4.1293	0.3983	4.0739	0.4334	4.0533	0.3940	H-Bayesian
							4.0810	0.4130	4.0675	0.4003	
	30	16	4.2365	0.3178	3.8594	0.2615	4.1055	0.3432	4.0896	0.2761	H-Bayesian
							4.0981	0.3301	4.0920	0.2724	
	16	30	3.8569	0.3102	3.8924	0.2797	3.9619	0.2952	4.0899	0.3127	E-Bayesian
							3.9565	0.2828	4.0882	0.3238	
80	30	30	3.7681	0.3148	3.8223	0.3125	3.8092	0.3486	4.0930	0.3026	H-Bayesian
							3.7971	0.3340	4.1029	0.3248	
	40	20	4.2147	0.4041	4.1542	0.3706	4.1821	0.3515	4.1115	0.2442	H-Bayesian
							4.2086	0.3487	4.1262	0.2792	
	20	40	3.8704	0.2463	3.8951	0.2506	3.9033	0.2204	4.0510	0.2044	H-Bayesian
							3.8924	0.2634	4.0479	0.1978	

表5-10 基于LLF的参数 $\lambda_{21}=4$ 的均值和均方误差

N	N_1	N_2	$\hat{\lambda}_{21MLE}$		$\hat{\lambda}_{21BL}$		$\hat{\lambda}_{21EBL}$		$\hat{\lambda}_{21HBL}$		Best estimator
			AE	MSE	AE	MSE	AE	MSE	AE	MSE	
40	15	15	4.1663	0.4725	4.1064	0.4414	4.0948	0.3552	4.1424	0.3932	E-Bayesian
							4.0960	0.3541	4.1470	0.4009	
	20	10	3.8763	0.3794	3.8847	0.3358	3.8703	0.4353	4.1580	0.3646	Bayesian
							3.8867	0.3922	4.1515	0.3579	
	10	20	3.8647	0.2439	3.9082	0.2629	3.9151	0.2539	4.1147	0.3356	E-Bayesian
							3.9188	0.2558	4.1088	0.3218	
60	23	23	4.1242	0.3815	4.1293	0.3983	4.0996	0.2940	4.1030	0.3003	E-Bayesian
							4.1078	0.2749	4.0975	0.3187	
	30	16	4.2365	0.3178	3.8594	0.2615	4.1382	0.2248	4.1208	0.2197	H-Bayesian
							4.1449	0.2380	4.1252	0.2119	
	16	30	3.8569	0.3102	3.8924	0.2797	3.9138	0.2248	4.0941	0.3228	E-Bayesian
							3.9165	0.2527	4.0897	0.3340	
80	30	30	3.7681	0.3148	3.8223	0.3125	3.8463	0.3203	4.1051	0.2732	H-Bayesian
							3.8452	0.3312	4.1046	0.2825	
	40	20	4.2147	0.4041	4.1542	0.3706	4.1073	0.2754	4.1343	0.3541	E-Bayesian
							4.1154	0.2831	4.1430	0.3306	
	20	40	3.8704	0.2463	3.8951	0.2506	3.9249	0.2810	4.0749	0.1620	H-Bayesian
							3.9211	0.2717	4.0672	0.1521	

表5-11 基于SELF的参数 $\lambda_{22}=2$ 的均值和均方误差

N	N_1	N_2	$\hat{\lambda}_{22MLE}$		$\hat{\lambda}_{22BS}$		$\hat{\lambda}_{22EBS}$		$\hat{\lambda}_{22HBS}$		Best estimator
			AE	MSE	AE	MSE	AE	MSE	AE	MSE	
40	15	15	1.8896	0.2261	2.1012	0.2662	1.9012	0.1923	2.1217	0.3897	E-Bayesian
							1.9065	0.1713	2.1315	0.3405	
	20	10	1.8426	0.3504	1.8458	0.3216	1.8361	0.3661	2.1612	0.4151	Bayesian
							1.8327	0.3621	2.1586	0.4164	
	10	20	2.1361	0.2964	1.9044	0.2371	2.0502	0.1874	2.0923	0.3362	E-Bayesian
							2.0318	0.1916	2.0982	0.3417	
60	23	23	2.1481	0.2030	2.1477	0.2242	1.8998	0.2087	2.1033	0.2473	E-Bayesian
							1.9050	0.1961	2.1027	0.2523	
	30	16	2.1651	0.2893	2.1778	0.3002	2.1414	0.2579	2.1374	0.2225	H-Bayesian
							2.1224	0.2637	2.1366	0.2352	
	16	30	2.1330	0.2160	2.1237	0.1881	1.9286	0.2212	2.0864	0.2974	E-Bayesian
							1.9244	0.2098	2.0758	0.2736	
80	30	30	2.1331	0.1842	2.1388	0.1667	2.1481	0.1644	2.1038	0.1346	H-Bayesian
							2.1373	0.1693	2.1082	0.1338	
	40	20	2.1878	0.2935	2.1801	0.3034	2.1626	0.3323	2.1826	0.3526	E-Bayesian
							2.1708	0.3105	2.1756	0.3781	
	20	40	2.1176	0.2165	2.1208	0.1508	2.1201	0.1237	2.0438	0.1078	H-Bayesian
							2.1188	0.1200	2.0386	0.1056	

表5-12　基于ELF的参数$\lambda_{22}=2$的均值和均方误差

N	N_1	N_2	$\hat{\lambda}_{22MLE}$		$\hat{\lambda}_{22BE}$		$\hat{\lambda}_{22EBE}$		$\hat{\lambda}_{22HBE}$		Best estimator
			AE	MSE	AE	MSE	AE	MSE	AE	MSE	
40	15	15	1.8896	0.2261	2.1012	0.2662	1.9159	0.2176	2.1008	0.2928	E-Bayesian
							1.9019	0.2136	2.1011	0.2613	
	20	10	1.8426	0.3504	1.8458	0.3216	1.9088	0.2637	2.1181	0.3377	E-Bayesian
							1.9027	0.2597	2.1202	0.3217	
	10	20	2.1361	0.2964	1.9044	0.2371	2.0558	0.2088	2.0945	0.2798	E-Bayesian
							2.0582	2.2134	2.0979	0.2808	
60	23	23	2.1481	0.2030	2.1477	0.1942	1.9179	0.1815	2.0919	0.1577	H-Bayesian
							1.9043	0.1696	2.0902	0.1519	
	30	16	2.1651	0.2893	2.1778	0.3002	1.9852	0.2918	2.1355	0.3353	E-Bayesian
							1.9676	0.3069	2.1595	0.3459	
	16	30	2.1330	0.2160	2.1237	0.1881	1.8873	0.1987	2.0558	0.2434	H-Bayesian
							1.8942	0.1879	2.0562	0.2106	
80	30	30	2.1331	0.1842	2.1388	0.1667	2.1234	0.1640	2.1025	0.1493	H-Bayesian
							2.1207	0.1629	2.1085	0.1342	
	40	20	2.1878	0.2935	2.1801	0.3034	2.1570	0.2119	2.1654	0.2360	E-Bayesian
							2.1468	0.2117	2.1635	0.2387	
	20	40	2.1176	0.2165	2.1208	0.1508	2.0884	0.2137	1.9608	0.1663	H-Bayesian
							2.0981	0.2104	1.9799	0.1648	

表5-13　基于LLF的参数$\lambda_{22}=2$的均值和均方误差

N	N_1	N_2	$\hat{\lambda}_{22MLE}$		$\hat{\lambda}_{22BL}$		$\hat{\lambda}_{22EBL}$		$\hat{\lambda}_{22HBL}$		Best estimator
			AE	MSE	AE	MSE	AE	MSE	AE	MSE	
40	15	15	1.8896	0.2261	2.1012	0.2662	1.9385	0.1966	1.9063	0.3635	E-Bayesian
							1.9249	0.2057	1.9148	0.3901	
	20	10	1.8426	0.3504	1.8458	0.3216	1.9036	0.2558	1.8968	0.3863	E-Bayesian
							1.9161	0.2519	1.8983	0.3866	
	10	20	2.1361	0.2964	1.9044	0.2371	2.1150	0.2923	1.9023	0.3463	Bayesian
							2.1271	0.3013	1.9096	0.3384	
60	23	23	2.1481	0.2030	2.1477	0.1942	1.8912	0.2585	1.9187	0.1410	H-Bayesian
							1.9080	0.2474	1.9203	0.1373	
	30	16	2.1651	0.2893	2.1778	0.3002	1.8708	0.3696	1.9764	0.2338	H-Bayesian
							1.8839	0.3570	1.9814	0.2282	
	16	30	2.1330	0.2160	2.1237	0.1881	1.9617	0.1778	1.9212	0.2302	E-Bayesian
							1.9489	0.1675	1.9334	0.2123	
80	30	30	2.1331	0.1842	2.1388	0.1667	2.0855	0.1918	2.1242	0.1860	E-Bayesian
							2.0885	0.1907	2.1425	0.1845	
	40	20	2.1878	0.2935	2.1801	0.3034	2.1177	0.2436	1.8713	0.3313	E-Bayesian
							2.1084	0.2254	1.8687	0.3436	
	20	40	2.1176	0.2165	2.1208	0.1508	2.0792	0.2301	1.9387	0.1172	H-Bayesian
							2.0732	0.2437	19403	0.1137	

表5-14 参数 λ_{11} 的渐进置信区间的平均长度和95%区间覆盖率

N	N_1	N_2	MLE	Boot-p	Boot-t	Bay	E-B1	E-B2	H-B1	H-B2
40	15	15	2.2650 0.961	1.6267 0.962	1.6045 0.963	1.5098 0.963	1.5104 0.965	1.5087 0.965	1.6801 0.967	1.6646 0.968
	20	10	1.7281 0.964	1.5522 0.965	1.5475 0.965	1.4935 0.966	1.5012 0.968	1.5109 0.967	1.6382 0.966	1.6262 0.965
	10	20	2.3154 0.961	1.6929 0.963	1.6869 0.962	1.55720 0.962	1.5467 0.96.5	1.5523 0.964	1.5128 0.966	1.5057 0.967
60	23	23	1.7720 0.961	1.5697 0.963	1.6001 0.962	1.4564 0.965	1.5028 0.966	1.4875 0.966	1.5016 0.965	1.5405 0.964
	30	16	1.6327 0.964	1.5979 0.965	1.6007 0.964	1.4209 0.968	1.3883 0.970	1.4078 0.969	1.2468 0.970	1.2480 0.971
	16	30	2.0635 0.960	1.8008 0.962	1.7902 0.961	1.5702 0.963	1.6056 0.964	1.6123 0.965	1.6058 0.963	1.5735 0.963
80	30	30	1.5828 0.963	1.6270 0.966	1.6353 0.967	1.5828 0.968	1.5730 0.967	1.5854 0.968	1.3449 0.972	1.3156 0.973
	40	20	1.3788 0.968	1.5905 0.970	1.6032 0.969	1.4168 0.971	1.4140 0.970	1.3977 0.969	1.2802 0.974	1.2919 0.975
	20	40	1.8671 0.962	1.6587 0.964	1.6462 0.966	1.6249 0.966	1.5897 0.965	1.6117 0.966	1.4772 0.970	1.5190 0.971

表5-15 参数 λ_{12} 的渐进置信区间的平均长度和95%区间覆盖率

N	N_1	N_2	MLE	Boot-p	Boot-t	Bay	E-B1	E-B2	H-B1	H-B2
40	15	15	1.6723 0.964	1.4043 0.966	1.4103 0.965	1.3593 0.968	1.4187 0.968	1.4298 0.967	1.3932 0.966	1.4437 0.967
	20	10	1.3693 0.966	1.3354 0.967	1.3168 0.967	1.1784 0.972	1.2657 0.970	1.2701 0.969	1.2939 0.968	1.3024 0.969
	10	20	1.7863 0.963	1.6423 0.964	1.5858 0.963	1.4460 0.966	1.3334 0.969	1.3385 0.968	1.4606 0.966	1.4642 0.966
60	23	23	1.2831 0.964	1.1406 0.965	1.1318 0.966	1.2003 0.967	1.1975 0.971	1.1893 0.970	1.2199 0.971	1.2108 0.969
	30	16	1.1871 0.965	1.1650 0.967	1.1745 0.968	1.0954 0.969	1.0876 0.973	1.0933 0.974	1.1456 0.973	1.1554 0.972
	16	30	1.5851 0.964	1.2345 0.966	1.2305 0.967	1.2202 0.966	1.2001 0.968	1.1987 0.969	1.3907 0.969	1.3896 0.968
80	30	30	1.0901 0.967	1.1267 0.968	1.1197 0.969	1.0956 0.972	1.1063 0.971	1.1085 0.970	1.0688 0.972	1.0693 0.973
	40	20	0.9497 0.968	1.0902 0.971	1.0790 0.972	1.0812 0.974	1.0743 0.973	1.0756 0.973	0.9454 0.974	0.9588 0.974
	20	40	1.3015 0.965	1.1716 0.965	1.1569 0.967	1.1277 0.971	1.1376 0.970	1.1297 0.969	1.3364 0.970	1.3992 0.971

表5-16 参数λ_{21}的渐进置信区间的平均长度和95%区间覆盖率

N	N_1	N_2	MLE	Boot-p	Boot-t	Bay	E-B1	E-B2	H-B1	H-B2
40	15	15	4.6865 0.956	3.4313 0.958	3.4951 0.959	2.8982 0.961	2.7869 0.960	2.8065 0.959	3.0162 0.957	3.0273 0.957
	20	10	3.7323 0.958	3.0256 0.960	3.0088 0.960	2.3586 0.962	2.4067 0.961	2.4198 0.961	3.4455 0.958	3.1465 0.957
	10	20	3.2754 0.959	2.9521 0.962	2.9771 0.961	2.1729 0.963	2.2471 0.962	2.3089 0.962	2.8502 0.959	2.8535 0.960
60	23	23	3.6721 0.962	3.3443 0.963	3.3672 0.965	2.6876 0.964	2.7013 0.967	2.4987 0.968	2.8644 0.967	2.7576 0.968
	30	16	4.4871 0.960	3.4678 0.962	3.5389 0.963	2.6006 0.964	2.5978 0.966	2.5409 0.966	2.9116 0.965	2.9149 0.965
	16	30	3.0036 0.964	3.0457 0.965	3.0056 0.967	2.4792 0.966	2.385 0.969	2.455 0.970	2.4469 0.970	2.4607 0.971
80	30	30	2.8167 0.965	2.9564 0.965	2.8902 0.967	2.8167 0.968	2.8637 0.969	2.8232 0.970	2.3535 0.972	2.2528 0.973
	40	20	3.0092 0.964	3.0532 0.964	3.1671 0.965	2.9869 0.967	3.0011 0.967	2.9945 0.968	2.8054 0.969	2.7909 0.971
	20	40	2.5920 0.966	2.8737 0.969	2.7877 0.971	2.6943 0.972	2.7089 0.973	2.6880 0.973	2.2513 0.974	2.1863 0.975

表5-17 参数λ_{22}的渐进置信区间的平均长度和95%区间覆盖率

N	N_1	N_2	MLE	Boot-p	Boot-t	Bay	E-B1	E-B2	H-B1	H-B2
40	15	15	2.7919 0.952	2.0592 0.964	2.0366 0.963	1.9583 0.965	2.2453 0.963	2.2567 0.963	2.2574 0.962	2.2464 0.961
	20	10	2.8595 0.951	2.3604 0.954	2.3537 0.958	2.3724 0.960	2.3434 0.962	2.3512 0.962	2.5667 0.960	26456 0.959
	10	20	2.4929 0.954	2.2789 0.957	2.2786 0.958	2.4052 0.959	2.1564 0.965	2.1677 0.964	2.2062 0.962	2.1921 0.963
60	23	23	2.526 0.964	2.2596 0.965	2.2972 0.967	1.9104 0.969	1.9234 0.966	1.9097 0.966	2.0271 0.967	2.0414 0.966
	30	16	2.6553 0.962	2.5979 0.964	2.5328 0.965	2.0071 0.967	2.0198 0.968	2.0210 0.967	1.9900 0.968	2.0108 0.967
	16	30	2.3803 0.966	2.2180 0.967	2.2275 0.968	1.8775 0.969	1.9034 0.969	1.8967 0.968	1.8607 0.971	1.8715 0.970
80	30	30	2.2274 0.967	2.2970 0.968	2.3097 0.967	2.2273 0.971	2.2456 0.969	2.2428 0.968	2.0538 0.972	2.0419 0.970
	40	20	2.6615 0.962	2.3904 0.964	2.3464 0.964	2.2612 0.967	2.3014 0.964	2.2951 0.965	2.1447 0.967	2.1797 0.968
	20	40	1.9461 0.968	2.2842 0.969	2.2096 0.970	2.1535 0.974	2.1837 0.973	2.1756 0.973	1.8597 0.974	1.7808 0.975

表5–18 参数λ_{11}的HPD置信区间的平均长度和95%区间覆盖率

N	N_1	N_2	Bay	E-B1	E-B2	H-B1	H-B2
40	15	15	1.7864 0.967	1.6341 0.968	1.6402 0.968	1.7754 0.967	1.8354 0.967
	20	10	1.6324 0.968	1.5776 0.969	1.5809 0.970	1.6393 0.969	1.6238 0.969
	10	20	1.8721 0.968	1.9467 0.967	1.9387 0.967	2.0227 0.966	2.0178 0.966
60	23	23	1.5403 0.967	1.4650 0.968	1.4701 0.967	1.4806 0.966	1.4776 0.966
	30	16	1.3917 0.969	1.2199 0.970	1.2740 0.971	1.3492 0.968	1.3406 0.967
	16	30	1.6362 0.965	1.5267 0.967	1.5249 0.968	1.4258 0.971	1.4375 0.971
80	30	30	1.3275 0.967	1.3974 0.966	1.2896 0.967	1.2661 0.972	1.2470 0.974
	40	20	1.1935 0.971	1.1890 0.972	1.2011 0.970	1.1279 0.975	1.1489 0.976
	20	40	1.5047 0.966	1.5104 0.966	1.5098 0.965	1.3785 0.972	1.3088 0.973

表5–19 参数λ_{12}的HPD置信区间的平均长度和95%区间覆盖率

N	N_1	N_2	Bay	E-B1	E-B2	H-B1	H-B2
40	15	15	1.2443 0.962	1.2067 0.965	1.1999 0.968	1.1934 0.969	1.1662 0.970
	20	10	1.1185 0.966	1.1367 0.968	1.1289 0.970	1.0630 0.970	1.0445 0.971
	10	20	1.3060 0.960	1.2567 0.964	1.2481 0.967	1.2342 0.968	1.1994 0.969
60	23	23	1.1831 0.967	1.0165 0.969	1.0189 0.968	1.1312 0.970	1.1338 0.971
	30	16	1.1788 0.969	0.8824 0.971	0.8743 0.972	1.0824 0.971	1.0943 0.972
	16	30	1.1977 0.967	1.1876 0.969	1.1901 0.968	1.1562 0.970	1.1679 0.971
80	30	30	1.0754 0.969	1.0854 0.970	1.0812 0.971	1.1258 0.971	1.1514 0.973
	40	20	1.0660 0.972	1.0667 0.971	1.0589 0.972	1.0289 0.972	1.0174 0.975
	20	40	1.1099 0.968	1.1123 0.969	1.1143 0.970	1.1638 0.971	1.1769 0.972

表5-20　参数λ_{21}的HPD置信区间的平均长度和95%区间覆盖率

N	N_1	N_2	Bay	E-B1	E-B2	H-B1	H-B2
40	15	15	2.2610 0.967	2.2089 0.968	2.1998 0.969	2.4482 0.967	2.4560 0.967
	20	10	2.3346 0.966	2.4067 0.966	2.4145 0.965	2.5248 0.964	2.5436 0.963
	10	20	2.2429 0.968	2.1698 0.972	2.1704 0.973	2.2213 0.971	2.2357 0.970
60	23	23	2.3493 0.965	2.2719 0.969	2.2987 0.968	2.2024 0.970	2.1932 0.971
	30	16	2.3732 0.963	2.3545 0.968	2.3499 0.967	2.2676 0.969	2.2569 0.969
	16	30	2.2214 0.968	2.1978 0.970	2.2054 0.970	2.0785 0.973	2.0804 0.974
80	30	30	2.3141 0.967	2.2270 0.970	2.2320 0.971	2.1084 0.974	1.9397 0.976
	40	20	2.4359 0.964	2.3976 0.969	2.4012 0.969	2.3392 0.973	2.3285 0.974
	20	40	2.1551 0.969	2.1485 0.972	2.1432 0.973	2.0285 0.975	1.9038 0.977

表5-21　参数λ_{22}的HPD置信区间的平均长度和95%区间覆盖率

N	N_1	N_2	Bay	E-B1	E-B2	H-B1	H-B2
40	15	15	1.8864 0.965	1.6887 0.968	1.7014 0.967	2.1704 0.959	2.1615 0.960
	20	10	2.4531 0.953	2.2454 0.957	2.3089 0.960	2.3015 0.957	2.2925 0.956
	10	20	2.0525 0.962	1.9001 0.966	1.8976 0.966	2.0185 0.963	1.9726 0.964
60	23	23	2.5403 0.961	2.3867 0.961	2.4009 0.960	1.8808 0.966	1.8783 0.968
	30	16	2.6916 0.959	2.4563 0.960	2.5012 0.959	1.9384 0.965	1.9467 0.967
	16	30	2.3362 0.962	2.1554 0.964	2.1398 0.965	1.6731 0.969	1.6643 0.970
80	30	30	1.6275 0.970	1.6267 0.969	1.6358 0.968	1.5221 0.971	1.5097 0.972
	40	20	2.2935 0.964	2.1152 0.966	2.0147 0.966	1.8577 0.968	1.8449 0.969
	20	40	1.5047 0.972	1.5107 0.973	1.5132 0.974	1.4590 0.976	1.4424 0.977

5.5.2　模拟数值分析

通过上述的模拟结果，可以得出如下结论：

（1）由表5-2至表5-13可以看出，随着试验样本数 N 的增加，模型参数 $\lambda_{ij}(i,j=1,2)$ 估计值更加接近于真值，即表现为参数估计的 MSEs 更加小，这说明试验样本失效数值的个数会影响参数估计的精确度。

（2）由表5-2至表5-13可以看出，在模型参数 $\lambda_{ij}(i,j=1,2)$ 估计上，相较于经典统计方法——MLEs，贝叶斯统计方法表现更加优秀，即表现为参数估计的 MSEs 更加小。

（3）由表5-2至表5-13可以看出，在给定 N，N_1，N_2 和截尾方案下，E-Bayes 估计和 H-Bayes 估计的参数 MSEs 比 Bayes 估计的参数 MSEs 要更加小。

（4）由表5-2至表5-13可以看出，当应力强度 S_1 下的失效数据占比大于应力强度 S_2 下的失效数据占比时，参数 $\lambda_{1j}(j=1,2)$ 估计值更加接近于真值，但当应力强度 S_1 下的失效数据占比小于应力强度 S_2 下的失效数据占比时，参数 $\lambda_{2j}(j=1,2)$ 估计值更加接近于真值。这说明在试验中由应力强度 S_1 提升到应力强度 S_2 时的时间节点也会影响不同参数估计的精确度。

（5）由表5-14至表5-21可以看出，在给定 N，N_1，N_2 和截尾方案下，模型参数的 HPD 置信区间的 ALs 要小于渐进置信区间的 ALs，模型参数的 HPD 置信区间的 CPs 要大于渐进置信区间的 CPs。

（6）由表5-14至表5-21可以看出，在给定 N，N_1，N_2 和截尾方案下，在同一个损失函数下的 H-Bayes 估计的参数 HPD 置信区间的 ALs 为最小的。

5.6　应用算例

在本小节中用一个应用算例来验证上述模型。给定 $\lambda_{11}=1.0$，$\lambda_{12}=1.5$，$\lambda_{21}=2.0$，$\lambda_{22}=3.0$，$N=30$，$N_1=10$，$R_1=4$，$N_2=12$ 和 $R_2=4$，产生观测数据及对应的失效机理编号见表5-22。根据观测数据可以得到 $n_{11}=4$，$n_{12}=6$，$n_{21}=5$ 和 $n_{22}=7$，根据公式（5-50），可以算出基于平方误差损伤函数下的模型参数 MLE，Bayes 估计，E-Bayes 估计和 H-Bayes 估计的 AEs，置信区间的 ALs 和 HPD 置信区间的覆盖率，结果见表5-23、表5-24和表5-25。

表5-22　算例数据

应力水平	失效时间和失效模式
第一应力水平	(0.00638,2) (0.01442,1) (0.01738,1) (0.02380,2) (0.04067,2)
	(0.05375,2) (0.06667,1) (0.08122,1) (0.11568,2) (0.15354,2)
第二应力水平	(0.17226,1) (0.18334,2) (0.20501,2) (0.21434,1) (0.21518,2) (0.22165,1)
	(0.23910,1) (0.24391,1) (0.26104,2) (0.32582,2) (0.34505,2) (0.65557,2)

表5-23　算例参数的估计均值

参数	MLE	Bay	E-B1	E-B2	H-B1	H-B2
λ_{11}	1.091	0.968	1.025	0.966	1.016	1.021
λ_{12}	1.623	1.516	1.474	1.485	1.511	1.520
λ_{21}	2.290	1.921	1.930	1.855	2.094	2.134
λ_{22}	3.216	2.833	2.922	2.894	3.052	3.092

表5-24　算例参数的95%渐进置信区间的平均长度

参数	MLE	Bay	E-B1	E-B2	H-B1	H-B2
λ_{11}	2.127	1.709	1.712	1.699	1.377	1.409
λ_{12}	2.605	2.194	2.201	2.217	1.514	1.521
λ_{21}	3.529	3.025	3.125	3.221	2.546	2.691
λ_{22}	3.268	2.997	3.009	3.014	1.795	1.802

表5-25　算例参数的95% HPD 置信区间的平均长度

参数	Bay	E-B1	E-B2	H-B1	H-B2
λ_{11}	1.621	1.635	1.659	1.346	1.361
λ_{12}	2.158	2.098	2.117	1.481	1.457
λ_{21}	2.807	2.765	2.769	2.184	2.201
λ_{22}	2.679	2.544	2.608	1.685	1.595

5.7　本章小结

本章研究了基于逐步Ⅱ型截尾下的简单步进应力加速竞争失效模型的统计分析和可靠性研究。本章通过经典统计方法——MLEs 和贝叶斯统计方法对模型参数的点估计和置信区间估计利用 AEs、MSEs、ALs 和 CPs 统计量进行比较和选择。在估计中先给出了模型参数的极大似然估计、渐进置信区间、Bootstrap-p 置信区间和 Bootstrap-t 置信区间。接着利用 Bayes 方法、E-Bayes 方法和 H-Bayes 方法在不同的损伤函数下对模型参数进行点估计和 HPD 置信区间估计。通过数值模拟结果可以看出，在参数估计和置信区间估计两个方面，贝叶斯统计方法相较于极大似然估计表现更加优秀。在相同的条件下，贝叶斯统计方法中的 E-Bayes 方法和 H-Bayes 方法比 Bayes 方法的参数 MSEs 要更加小。尤其在 HPD 置信区间估计时，H-Bayes 方法估计的 HPD 置信区间的 ALs 最小，稳定性最好。说明贝叶斯统计方法在模型的统计分析中由于结合了先验信息，从而改进了经典统计方法的缺陷。

6 Copula 理论下的简单步进应力加速相依竞争失效模型的产品可靠性研究

6.1 引言

在第5章中研究了简单步应力加速寿命试验，其中假设失效机理是相互独立的，但是考虑复杂产品的不同失效机理之间具有一定相关性，因此在本章研究中将考虑简单步应力加速寿命试验中失效机理相依。在本章中根据Copula函数尾部相关性特征引入二维Clayton Copula函数，构建联合分布函数，对简单步应力加速相依竞争失效模型进行可靠性研究。

本章将在逐步Ⅱ型截尾下进行简单步应力加速相依竞争失效试验，并通过试验失效数据对模型进行统计分析。首先，基于Copula函数建立简单步应力加速相依竞争失效模型，利用经典统计方法——MLEs对模型参数进行点估计、渐进置信区间估计和Bootstrap置信区间估计。其次，利用Bayes方法在平方误差损伤函数下对模型参数进行点估计和HPD置信区间估计。再次，通过MCMC算法来模拟上述模型参数估计以及置信区间的估计，并利用AEs、MSEs和CPs统计量给出试验结果数值分析。最后，用太阳能照明设备寿命试验数据为实例，基于Copula理论进行相依竞争失效模型的估计，通过对实际数据进行统计分析，完成了可靠性估计和寿命预测。

6.2 寿命模型描述

6.2.1 基本假设

本章的讨论基于以下四个基本假设：

假设1 试验样本的失效机理有两种并且失效机理之间是相依的，用二维Clayton Copula函数来描述两个失效机理之间的相依性，见公式（2-29）。而且样本的失效只由其中一种失效机理引起。这两种失效机理发生的时间分别记为T_1和T_2，则样本的寿命记为$T = \min\{T_1, T_2\}$。

假设2 样本寿命T服从的是尺度参数为λ_{ij}的指数分布（Exponential Distribution，ED），其CDF和PDF分别为：

$$F_{ij}\left(t;\lambda_{ij}\right)=1-\exp\left(-\lambda_{ij}t\right) \tag{6-1}$$

$$f_{ij}\left(t;\lambda_{ij}\right)=\lambda_{ij}\exp\left(-\lambda_{ij}t\right) \tag{6-2}$$

式中 $t>0$，$\lambda_{ij}>0(i,j=1,2)$。

假设3 在加速应力水平 S_i 下，尺度参数 λ_{ij} 满足下列关系：

$$\ln\lambda_{ij}=a_j+b_j\varphi(S_i)(i=1,2,\cdots,k,j=1,2) \tag{6-3}$$

式中 a_j 和 b_j 是未知的系数参数，$\varphi(S_i)$ 是关于加速应力水平 S_i 的递减函数。当加速应力为温度时，$\varphi(S_i)=1/S_i$，加速模型为阿伦尼斯（Arrhenius）模型，本章中选用 Arrhenius 模型。

假设4 本章节中不同应力水平之间寿命折算模型为累积损伤模型（CEM），即产品的剩余寿命仅依赖于当时已积累的失效部分和当时的应力水平，而与积累方式无关，即

$$F_1(t_1)=F_2(t_2) \tag{6-4}$$

6.2.2 模型描述

假设正常应力水平为 S_0，加速应力水平为 S_1 和 S_2，且都高于正常应力水平 S_0，并假设 $S_0<S_1<S_2$。逐步 Ⅱ 型截尾下简单步应力加速寿命试验（S-SSALT）过程如下：将 n 个试验样本全部放入应力水平 S_1 下，当第一个失效样本产生时，从剩余的未失效的试验样本中随机移除 R_1 个试验样本，并根据失效模式记录下观测的样本数据 $(t_{1:n},\delta_1,R_1)$，然后继续进行试验，同样当第二个失效样本产生时，从剩余的未失效的试验样本中随机移除 R_2 个试验样本，并根据失效模式记录下观测的样本数据 $(t_{2:n},\delta_2,R_2)$，依次进行试验直至第 N_1 个失效试验样本产生，从剩余的未失效的试验样本中随机移除 R_{N_1} 个试验样本，将试验的应力水平由 S_1 提高到 S_2。在应力水平 S_2 下，剩下的未失效的 $(n-N_1-R_1-\cdots-R_{N_1})$ 个试验样本继续进行试验，当第 (N_1+1) 个失效样本产生时，从剩余的未失效的试验样本中随机移除 R_{N_1+1} 个试验样本，并根据失效模式记录下观测的样本数据 $(t_{N_1+1:n},\delta_{N_1+1},R_{N_1+1})$，然后继续进行试验，直到第 (N_1+N_2) 个失效样本产生时，将剩余的未失效的试验样本全部移除，并根据失效模式记录下观测的样本数据 $(t_{N_1+1:n},\delta_{N_1+1},R_{N_1+1})$，则试验结束。最终得到的试验数据为：

$$S_1:(t_{1:n},\delta_1,R_1),(t_{2:n},\delta_2,R_2),\cdots,(t_{N_1:n},\delta_{N_1},R_{N_1})$$

$$S_2:(t_{N_1+1:n},\delta_{N_1+1},R_{N_1+1}),(t_{N_1+2:n},\delta_{N_1+2},R_{N_1+2}),\cdots,(t_{N_1+N_2:n},\delta_{N_1+N_2},R_{N_1+N_2})$$

其中 $t_{1:n}$，$\cdots$，$t_{N_1+N_2:n}$ 是次序统计量，$\delta_i\in\{1,2\}\left(i=1,2,\cdots,N_1+N_2\right)$ 是失效机理编

号，并且满足关系式：$I_j(\delta_i) = \begin{cases} 1, & \delta_i = j \\ 0, & \delta_i \neq j \end{cases}$，其中 $I_j(\delta_i)$ 称为指示函数。

6.3 模型参数的MLEs统计分析

寿命分布模型在CEM基本假设下，基于第 $j(j=1,2)$ 个失效机理获得试验数据的寿命CDF和PDF分别为：

$$F_j(t) = F_j(t : \lambda_{1j}, \lambda_{2j}) = \begin{cases} F(t, \lambda_{1j}) & (0 \leq t \leq \tau) \\ F\left(\dfrac{\lambda_{1j}}{\lambda_{2j}}\tau - \tau + t, \lambda_{2j}\right) & (t > \tau) \end{cases}$$

$$F_j(t : \lambda_{1j}, \lambda_{2j}) = \begin{cases} F_{1j}(t) = 1 - \exp(-\lambda_{1j}t) & (0 \leq t \leq \tau) \\ F_{2j}(t) = 1 - \exp(-(\lambda_{1j} - \lambda_{2j})\tau - \lambda_{2j}t) & (t > \tau) \end{cases} \quad (6\text{-}5)$$

$$f_j(t : \lambda_{1j}, \lambda_{2j}) = \begin{cases} f_{1j}(t) = \lambda_{1j}\exp(-\lambda_{1j}t) & (0 \leq t \leq \tau) \\ f_{2j}(t) = \lambda_{2j}\exp(-(\lambda_{1j} - \lambda_{2j})\tau - \lambda_{2j}t) & (t > \tau) \end{cases} \quad (6\text{-}6)$$

其中 $\tau \in (t_{N_1:n}, t_{N_1+1:n})$。

6.3.1 模型参数的点估计

上述模型在基本假设下，加速应力水平 S_i，基于第1个失效机理下的CDF为：

$$F^{(i1)}(t) = P(T_{i2} > T_{i1}, T_{i1} \leq t) \quad (6\text{-}7)$$

对应的PDF为：

$$f^{(i1)}(t) = \frac{dF^{(i1)}(t)}{dt} = f_{i1}(t) \times \left.\frac{\partial C(u,v)}{\partial u}\right|_{\substack{u=S_{i1}(t) \\ v=S_{i2}(t)}} \quad (6\text{-}8)$$

其中 $C(u,v) = \left(u^{-\theta} + v^{-\theta} - 1\right)^{-\frac{1}{\theta}}$，$u = S_{i1}(t) = 1 - F_{i1}(t)$，$v = S_{i2}(t) = 1 - F_{i2}(t)$。将公式（2-29），公式（6-5）和公式（6-6）带入公式（6-8）得到如下：

$$f^{(11)}(t_{i:n}) = \lambda_{11} \times \exp(\theta\lambda_{11}t_{i:n}) \times \left[\exp(\theta\lambda_{11}t_{i:n}) + \exp(\theta\lambda_{12}t_{i:n}) - 1\right]^{-1/\theta - 1} \quad (6\text{-}9\,a)$$

$$\begin{aligned} f^{(21)}(t_{i:n}) = \ &\lambda_{21} \times \exp\left[(\lambda_{11} - \lambda_{21})\theta\tau + \lambda_{21}\theta t_{i:n}\right] \\ &\times \Big\{\exp\left[(\lambda_{11} - \lambda_{21})\tau\theta + \lambda_{21}\theta t_{i:n}\right] \\ &+ \exp\left[(\lambda_{12} - \lambda_{22})\tau\theta + \lambda_{22}\theta t_{i:n}\right] - 1\Big\}^{-1/\theta - 1} \quad (6\text{-}9\,b) \end{aligned}$$

同理，加速应力水平 S_i，基于第 2 个失效机理下的 CDF 及对应 PDF 为：

$$F^{(i2)}(t) = P(T_{i1} > T_{i2}, T_{i2} \leqslant t) \qquad (6\text{-}10)$$

$$f^{(i2)}(t) = \frac{dF^{(i2)}(t)}{dt} = f_{i2}(t) \times \frac{\partial C(u,v)}{\partial v}\bigg|_{\substack{u=S_{i1}(t)\\v=S_{i2}(t)}} \qquad (6\text{-}11)$$

将公式（2-29），公式（6-5）和公式（6-6）带入公式（6-11）得到如下：

$$f^{(12)}(t_{i:n}) = \lambda_{12} \times \exp(\theta \lambda_{12} t_{i:n}) \times \left[\exp(\theta \lambda_{11} t_{i:n}) + \exp(\theta \lambda_{12} t_{i:n}) - 1\right]^{-1/\theta - 1} \qquad (6\text{-}12\,a)$$

$$\begin{aligned} f^{(22)}(t_{i:n}) = \lambda_{22} &\times \exp\left[(\lambda_{12} - \lambda_{22})\theta\tau + \lambda_{22}\theta t_{i:n}\right] \\ &\times \left\{\exp\left[(\lambda_{11} - \lambda_{21})\tau\theta + \lambda_{21}\theta t_{i:n}\right]\right. \\ &\left. + \exp\left[(\lambda_{12} - \lambda_{22})\tau\theta + \lambda_{22}\theta t_{i:n}\right] - 1\right\}^{-1/\theta - 1} \qquad (6\text{-}12\,b) \end{aligned}$$

根据假设 1 和假设 2，在加速应力水平 S_1 的样本寿命的生成函数为：

$$S_1(t) = \left[\exp(\theta \lambda_{11} t) + \exp(\theta \lambda_{12} t) - 1\right]^{-1/\theta} \qquad (6\text{-}13)$$

同理，在加速应力水平 S_2 的样本寿命的生成函数为：

$$S_2(t) = \left\{\exp\left[(\lambda_{11} - \lambda_{21})\theta\tau + \theta\lambda_{21} t\right] + \exp\left[(\lambda_{12} - \lambda_{22})\theta\tau + \theta\lambda_{22} t\right] - 1\right\}^{-1/\theta} \qquad (6\text{-}14)$$

在 CEM 下，建立似然函数为：

$$\begin{aligned} L(t|\lambda_{ij}, \theta) \propto &\prod_{i=1}^{N_1}\left\{\left[f^{(11)}(t_{i:n})\right]^{I_1(\delta_i)}\left[f^{(12)}(t_{i:n})\right]^{I_2(\delta_i)} S_1(t_{i:n})^{R_i}\right\} \\ &\times \prod_{i=N_1+1}^{N_1+N_2}\left\{\left[f^{(21)}(t_{i:n})\right]^{I_1(\delta_i)}\left[f^{(22)}(t_{i:n})\right]^{I_2(\delta_i)} S_2(t_{i:n})^{R_i}\right\} \qquad (6\text{-}15) \end{aligned}$$

令参数向量为 $\mathbf{\Theta} = (\lambda_{11}, \lambda_{12}, \lambda_{21}, \lambda_{22}, \theta)$，将公式（6-9），公式（6-12），公式（6-13）和公式（6-14）带入公式（6-15）得到如下：

$$\begin{aligned} L(t|\mathbf{\Theta}) \propto &\lambda_{11}^{n_{11}} \times \lambda_{12}^{n_{12}} \times \lambda_{21}^{n_{21}} \times \lambda_{22}^{n_{22}} \times \exp(\theta\lambda_{11}T_{11}) \times \exp(\theta\lambda_{12}T_{12}) \\ &\times \exp(\lambda_{21}\theta T_{21}) \times \exp(\lambda_{22}\theta T_{22}) \\ &\times \prod_{i=1}^{N_1}\left[\exp(\theta\lambda_{11}t_{i:n}) + \exp(\theta\lambda_{12}t_{i:n}) - 1\right]^{-\frac{1+\theta+R_i}{\theta}} \\ &\times \prod_{i=N_1+1}^{N_1+N_2}\left\{\exp\left[(\lambda_{11} - \lambda_{21})\tau\theta + \lambda_{21}\theta t_{i:n}\right]\right. \\ &\left. + \exp\left[(\lambda_{12} - \lambda_{22})\tau\theta + \lambda_{22}\theta t_{i:n}\right] - 1\right\}^{-\frac{1+\theta+R_i}{\theta}} \qquad (6\text{-}16) \end{aligned}$$

式中 $n_{11} = \sum_{i=1}^{N_1} I_1(\delta_i)$，$n_{12} = \sum_{i=1}^{N_1} I_2(\delta_i)$，$n_{21} = \sum_{i=N_1+1}^{N_1+N_2} I_1(\delta_i)$，$n_{22} = \sum_{i=N_1+1}^{N_1+N_2} I_2(\delta_i)$，$T_{11} = \sum_{i=1}^{N_1} t_{i:n} I_1(\delta_i) + \tau n_{21}$，$T_{12} = \sum_{i=1}^{N_1} t_{i:n} I_2(\delta_i) + \tau n_{22}$，$T_{21} = \sum_{i=N_1+1}^{N_1+N_2} t_{i:n} I_1(\delta_i) - \tau n_{21}$ 和

$$T_{22} = \sum_{i=N_1+1}^{N_1+N_2} t_{i:n} I_2(\delta_i) - \tau n_{22}。$$

根据似然函数公式（6-16），参数的最大似然估计法（MLE）可通过极大化对数似然函数得到。对数似然函数公式如下：

$$\begin{aligned}
l(t|\mathbf{\Theta}) = & n_{11}\ln\lambda_{11} + n_{12}\ln\lambda_{12} + n_{21}\ln\lambda_{21} + n_{22}\ln\lambda_{22} \\
& + \theta\lambda_{11}T_{11} + \theta\lambda_{12}T_{12} + + \theta\lambda_{21}T_{21} + \theta\lambda_{22}T_{22} \\
& - \sum_{i=1}^{N_1} \frac{1+\theta+R_i}{\theta} \ln\left[\exp(\theta\lambda_{11}t_{i:n}) + \exp(\theta\lambda_{12}t_{i:n}) - 1\right] \\
& - \sum_{i=N_1+1}^{N_1+N_2} \frac{1+\theta+R_i}{\theta} \ln\left\{\exp\left[(\lambda_{11}-\lambda_{21})\tau\theta + \lambda_{21}\theta t_{i:n}\right]\right. \\
& \left. + \exp\left[(\lambda_{12}-\lambda_{22})\tau\theta + \lambda_{22}\theta t_{i:n}\right] - 1\right\}
\end{aligned} \tag{6-17}$$

对数似然函数$l(t|\mathbf{\Theta})$分别对λ_{1j}，λ_{2j}和θ求一阶偏导数，并令其等于零，则

$$\begin{aligned}
\frac{\partial l}{\partial \lambda_{1j}} = & \frac{n_{1j}}{\lambda_{1j}} + \theta T_{1j} - \sum_{i=1}^{N_1} \frac{t_{i:n} \times \exp(\theta\lambda_{1j}t_{i:n}) \times (1+\theta+R_i)}{\exp(\theta\lambda_{11}t_{i:n}) + \exp(\theta\lambda_{12}t_{i:n}) - 1} \\
& - \sum_{i=N_1+1}^{N_1+N_2} \frac{\exp\left[(\lambda_{1j}-\lambda_{2j})\tau\theta + \lambda_{2j}\theta t_{i:n}\right] \times \tau \times (1+\theta+R_i)}{\exp\left[(\lambda_{11}-\lambda_{21})\tau\theta + \lambda_{21}\theta t_{i:n}\right] + \exp\left[(\lambda_{12}-\lambda_{22})\tau\theta + \lambda_{22}\theta t_{i:n}\right] - 1} = 0
\end{aligned} \tag{6-18 a}$$

$$\begin{aligned}
\frac{\partial l}{\partial \lambda_{2j}} = & \frac{n_{2j}}{\lambda_{2j}} + \theta T_{2j} \\
& - \sum_{i=N_1+1}^{N_1+N_2} \frac{\exp\left[(\lambda_{1j}-\lambda_{2j})\tau\theta + \lambda_{2j}\theta t_{i:n}\right] \times (t_{i:n}-\tau) \times (1+\theta+R_i)}{\exp\left[(\lambda_{11}-\lambda_{21})\tau\theta + \lambda_{21}\theta t_{i:n}\right] + \exp\left[(\lambda_{12}-\lambda_{22})\tau\theta + \lambda_{22}\theta t_{i:n}\right] - 1} = 0
\end{aligned} \tag{6-18 b}$$

$$\begin{aligned}
\frac{\partial l}{\partial \theta} = & \lambda_{11}T_{11} + \lambda_{12}T_{12} + + \lambda_{21}T_{21} + \lambda_{22}T_{22} \\
& + \sum_{i=1}^{N_1} \frac{1+R_i}{\theta^2} \ln\left[\exp(\theta\lambda_{11}t_{i:n}) + \exp(\theta\lambda_{12}t_{i:n}) - 1\right] \\
& - \sum_{i=1}^{N_1} \frac{\left[\lambda_{11}t_{i:n} \times \exp(\theta\lambda_{11}t_{i:n}) + \lambda_{12}t_{i:n} \times \exp(\theta\lambda_{12}t_{i:n})\right] \times (1+\theta+R_i)}{\left[\exp(\theta\lambda_{11}t_{i:n}) + \exp(\theta\lambda_{12}t_{i:n}) - 1\right] \times \theta} \\
& + \sum_{i=N_1+1}^{N_1+N_2} \frac{1+R_i}{\theta^2} \ln\left\{\exp\left[(\lambda_{11}-\lambda_{21})\tau\theta + \lambda_{21}\theta t_{i:n}\right] + \exp\left[(\lambda_{12}-\lambda_{22})\tau\theta + \lambda_{22}\theta t_{i:n}\right] - 1\right\} \\
& - \sum_{i=N_1+1}^{N_1+N_2} \frac{1+\theta+R_i}{\theta} \frac{\left[(\lambda_{11}-\lambda_{21})\tau + \lambda_2 t_{i:n}\right]\exp\left[(\lambda_{11}-\lambda_{21})\tau\theta + \lambda_{21}\theta t_{i:n}\right]}{\left\{\exp\left[(\lambda_{11}-\lambda_{21})\tau\theta + \lambda_{21}\theta t_{i:n}\right] + \exp\left[(\lambda_{12}-\lambda_{22})\tau\theta + \lambda_{22}\theta t_{i:n}\right] - 1\right\}} \\
& - \sum_{i=N_1+1}^{N_1+N_2} \frac{1+\theta+R_i}{\theta} \frac{\left[(\lambda_{12}-\lambda_{22})\tau + \lambda_{22}t_{i:n}\right]\exp\left[(\lambda_{12}-\lambda_{22})\tau\theta + \lambda_{22}\theta t_{i:n}\right]}{\left\{\exp\left[(\lambda_{11}-\lambda_{21})\tau\theta + \lambda_{21}\theta t_{i:n}\right] + \exp\left[(\lambda_{12}-\lambda_{22})\tau\theta + \lambda_{22}\theta t_{i:n}\right] - 1\right\}} = 0
\end{aligned} \tag{6-18 c}$$

式中$j=1, 2$。

理论上，联立方程组求解即可得到λ_{1j}，λ_{2j}和θ的估计值分布为$\hat{\lambda}_{1j}$，$\hat{\lambda}_{2j}$和$\hat{\theta}$，但

是在实际求解过程中，公式（6-18）比较复杂，很难甚至得不到参数的显式表达式。有许多数值方法可以解此方程组，比如可采用牛顿-拉弗森（Newton-Raphson）迭代法进行求解。

6.3.2 模型参数的置信区间估计

6.3.2.1 近似置信区间

根据似然函数公式（6-16），对数似然函数 $l(t|\Theta)$ 分别对 λ_{1j}，λ_{2j} 和 θ 求二阶偏导数公式，可以得到参数的 Fisher 信息矩阵 $\hat{I}(\Theta)$，表示如下：

$$\hat{I}(\Theta) = \begin{pmatrix} \hat{I}_{11} & \cdots & \hat{I}_{15} \\ \vdots & \ddots & \vdots \\ \hat{I}_{51} & \cdots & \hat{I}_{55} \end{pmatrix} \tag{6-19}$$

式中

$$\hat{I}_{kk} = -\frac{\partial l^2}{\partial \lambda_{ij}^2}\bigg|_{\lambda_{ij}=\hat{\lambda}_{ij}} \quad (k=1,\cdots,4;i,j=1,2) \tag{6-20 a}$$

$$\hat{I}_{55} = -\frac{\partial l^2}{\partial \theta^2}\bigg|_{\theta=\hat{\theta}} \tag{6-20 b}$$

$$\hat{I}_{k5} = -\frac{\partial l^2}{\partial \lambda_{ij}\partial \theta}\bigg|_{\lambda_{ij}=\hat{\lambda}_{ij},\theta=\hat{\theta}} \quad (k=1,\cdots,4;i,j=1,2) \tag{6-20 c}$$

$$\hat{I}_{ih} = \hat{I}_{hi} \, (i=1,2,\cdots,k;h=i+1,i+2,\cdots,5) \tag{6-20 d}$$

参数的方差-协方差矩阵可以用其观测的 Fisher 信息矩阵 $\hat{I}(\Theta_j)$ 的逆近似，即：

$$\hat{V}(\Theta) = \begin{pmatrix} \hat{I}_{11} & \cdots & \hat{I}_{15} \\ \vdots & \ddots & \vdots \\ \hat{I}_{51} & \cdots & \hat{I}_{55} \end{pmatrix}^{-1} \approx \hat{I}(\Theta)^{-1} \tag{6-21}$$

由上述公式可以得到置信度为 $100(1-\gamma)\%$ 的近似正态置信区间为

$$\left(\hat{\lambda}_{ij} - z_{\gamma/2}\sqrt{\hat{V}_{ii}}, \hat{\lambda}_{ij} + z_{\gamma/2}\sqrt{\hat{V}_{ii}}\right) \tag{6-22 a}$$

$$\left(\hat{\theta} - z_{\gamma/2}\sqrt{\hat{V}_{55}}, \hat{\theta} + z_{\gamma/2}\sqrt{\hat{V}_{55}}\right) \tag{6-22 b}$$

式中 $Z_{\gamma/2}$ 是标准正态分布的 $\gamma/2$ 分位点。

6.3.2.2 Bootstrap 置信区间

下面给出获得Bootstrap样本以及由此获得的置信区间步骤，具体如下：

步骤一：基于渐进 Ⅱ 型截尾下简单步应力加速寿命试验数据$(t_{1:n}, \delta_1, R_1), \cdots,$ $(t_{N_1:n}, \delta_{N_1}, R_{N_1}), (t_{N_1+1:n}, \delta_{N_1+1}, R_{N_1+1}), \cdots, (t_{N_1+N_2:n}, \delta_{N_1+N_2}, R_{N_1+N_2})$，根据公式（6-18）计算参数的极大似然估计值$\hat{\lambda}_{ij} (i, j = 1, 2)$和$\hat{\theta}$，记为$\hat{\boldsymbol{\Theta}}$；

步骤二：基于$\hat{\boldsymbol{\Theta}}$，重新生成逐步 Ⅱ 型截尾试验下的观测数据$(t_{1:n}^*, \delta_1^*, R_1^*), \cdots,$ $(t_{N_1:n}^*, \delta_{N_1}^*, R_{N_1}^*), (t_{N_1+1:n}^*, \delta_{N_1+1}^*, R_{N_1+1}^*), \cdots, (t_{N_1+N_2:n}^*, \delta_{N_1+N_2}^*, R_{N_1+N_2}^*)$，即产生一个Bootstrap样本。根据公式（6-18）重新计算这个样本下的对应参数的极大似然估计值，并记为$\hat{\lambda}_{ij}^{*[1]} (i, j = 1, 2)$和$\hat{\theta}^{*[1]}$；

步骤三：重复步骤二（B-1）次，得到B组参数$\lambda_{ij} (i, j = 1, 2)$和$\theta$的极大似然估计值，记为$\hat{\lambda}_{ij}^{*[m]} (i, j = 1, 2)$和$\hat{\theta}^{*[m]} (m = 2, \cdots, B)$；

步骤四：对于$\hat{\lambda}_{ij}^{*[m]} (i, j = 1, 2)$和$\hat{\theta}^{*[m]} (m = 1, \cdots, B)$按升序进行排列，得到$\hat{\lambda}_{ij}^{*[1]} < \hat{\lambda}_{ij}^{*[2]} < \cdots < \hat{\lambda}_{ij}^{*[B]} (i, j = 1, 2)$和$\hat{\theta}^{*[1]} < \hat{\theta}^{*[2]} < \cdots < \hat{\theta}^{*[B]}$；

步骤五：计算置信度为$100(1-\gamma)\%$的置信区间为

$$\left(\hat{\lambda}_{ij}^{*[B*\gamma/2]}, \; \hat{\lambda}_{ij}^{*[B*(1-\gamma/2)]} \right) \qquad (6\text{-}23\,a)$$

$$\left(\hat{\theta}^{*[B*\gamma/2]}, \; \hat{\theta}^{*[B*(1-\gamma/2)]} \right) \qquad (6\text{-}23\,b)$$

根据基本假设3，将$\hat{\lambda}_{i1}$和$\hat{\lambda}_{i2}$代入公式（6-3）中，根据高斯-马尔科夫（Gauss-Markov）定理可得到参数a_j和b_j的最小二乘法估计：

$$\hat{a}_j = \frac{\ln \hat{\lambda}_{1j} \varphi(S_2) - \ln \hat{\lambda}_{2j} \varphi(S_1)}{\varphi(S_2) - \varphi(S_1)} \qquad (6\text{-}24\,a)$$

$$\hat{b}_j = \frac{\ln \hat{\lambda}_{2j} - \ln \hat{\lambda}_{1j}}{\varphi(S_2) - \varphi(S_1)} \qquad (6\text{-}24\,b)$$

式中$\varphi(S_1) = 1/S_1$，$\varphi(S_2) = 1/S_2$。

由上就能得到在正常应力水平S_0下的尺度参数$\hat{\lambda}_{0j}$的估计：

$$\hat{\lambda}_{0j} = \exp\left[\hat{a}_j + \hat{b}_j \varphi(S_0) \right] \qquad (6\text{-}25)$$

同理可得到在加速应力水平S_0下的基于相依竞争失效模型的CDF：

$$F_0(t) = 1 - \left[\exp(\hat{\theta} \hat{\lambda}_{01} t) + \exp(\hat{\theta} \hat{\lambda}_{02} t) - 1 \right]^{-\frac{1}{\hat{\theta}}} \qquad (6\text{-}26)$$

6.4 模型参数的 Bayes 统计分析

6.4.1 参数的 Bayes 估计

本小节中将讨论基于平方误差损伤函数（Squared Error Loss Function，SELF）下参数的 Bayes 估计。假设给定尺度参数 $\lambda_{ij}(i,j=1,2)$ 的先验分布为相互独立的 Gamma 分布，即 $\lambda_{ij} \sim G(\alpha_{ij}, \beta_{ij})$，参数 θ 的先验分布为无信息先验，即

$$\pi(\lambda_{ij} \mid \alpha_{ij}, \beta_{ij}) \sim Ga(\alpha_{ij}, \beta_{ij})$$

$$= \frac{\beta_{ij}^{\alpha_{ij}}}{\Gamma(\alpha_{ij})} \lambda_{ij}^{\alpha_{ij}-1} e^{-\beta_{ij}\lambda_{ij}} \propto \lambda_{ij}^{\alpha_{ij}-1} e^{-\beta_{ij}\lambda_{ij}} \ (\alpha_{ij} \geq 0) \tag{6-27 a}$$

$$\pi(\theta) \propto \frac{1}{\theta}, (\theta > 0) \tag{6-27 b}$$

则得到参数的联合先验分布如下：

$$\pi(\lambda_{11}, \lambda_{12}, \lambda_{21}, \lambda_{22}, \theta) \propto \frac{1}{\prod_{i=1}^{2} \prod_{j=1}^{2} \lambda_{ij}^{\alpha_{ij}-1} e^{-\beta_{ij}\lambda_{ij}} \times \theta} \tag{6-28}$$

根据参数的先验信息，基于公式（6-16）和公式（6-25），可以得到参数的联合后验密度函数为：

$$\pi(\lambda_{11}, \lambda_{12}, \lambda_{21}, \lambda_{22}, \theta \mid t) = \frac{L(t \mid \mathbf{\Theta}) \cdot \pi(\lambda_{11}, \lambda_{12}, \lambda_{21}, \lambda_{22}, \theta)}{\int \cdots \int L(t \mid \mathbf{\Theta}) \cdot \pi(\lambda_{11}, \lambda_{12}, \lambda_{21}, \lambda_{22}, \theta) d\lambda_{11} d\lambda_{12} d\lambda_{21} d\lambda_{22} d\theta}$$

$$\propto L(t \mid \mathbf{\Theta}) \cdot \pi(\lambda_{11}, \lambda_{12}, \lambda_{21}, \lambda_{22}, \theta) \tag{6-29}$$

则可以得到参数的边缘后验密度函数为：

$$\pi(\lambda_{11} \mid \lambda_{12}, \lambda_{21}, \lambda_{22}, \theta) \propto \lambda_{11}^{\alpha_{11}+n_{11}-1} \exp(\theta\lambda_{11}T_{11} - \beta_{11}\lambda_{11})$$

$$\times \prod_{i=1}^{N_1} \left[\exp(\theta\lambda_{11}t_{i:n}) + \exp(\theta\lambda_{12}t_{i:n}) - 1 \right]^{-\frac{1+\theta+R_i}{\theta}}$$

$$\times \prod_{i=N_1+1}^{N_1+N_2} \left\{ \exp\left[(\lambda_{11} - \lambda_{21})\tau\theta + \lambda_{21}\theta t_{i:n} \right] \right.$$

$$\left. + \exp\left[(\lambda_{12} - \lambda_{22})\tau\theta + \lambda_{22}\theta t_{i:n} \right] - 1 \right\}^{-\frac{1+\theta+R_i}{\theta}} \tag{6-30 a}$$

$$\pi(\lambda_{12} \mid \lambda_{11}, \lambda_{21}, \lambda_{22}, \theta) \propto \lambda_{12}^{\alpha_{12}+n_{12}-1} \exp(\theta\lambda_{12}T_{12} - \beta_{12}\lambda_{12})$$

$$\times \prod_{i=1}^{N_1} \left[\exp(\theta\lambda_{11}t_{i:n}) + \exp(\theta\lambda_{12}t_{i:n}) - 1 \right]^{-\frac{1+\theta+R_i}{\theta}}$$

$$\times \prod_{i=N_1+1}^{N_1+N_2} \left\{ \exp\left[(\lambda_{11} - \lambda_{21})\tau\theta + \lambda_{21}\theta t_{i:n} \right] \right.$$

$$+\exp\left[\left(\lambda_{12}-\lambda_{22}\right)\tau\theta+\lambda_{22}\theta t_{i:n}\right]-1\right\}^{-\frac{1+\theta+R_i}{\theta}} \tag{6-30 b}$$

$$\pi\left(\lambda_{21}\big|\lambda_{11},\lambda_{12},\lambda_{22},\theta\right)\propto\lambda_{21}^{\alpha_{21}+n_{21}-1}\exp\left(\theta\lambda_{21}T_{21}-\beta_{21}\lambda_{21}\right)$$
$$\times\prod_{i=N_1+1}^{N_1+N_2}\left\{\exp\left[\left(\lambda_{11}-\lambda_{21}\right)\tau\theta+\lambda_{21}\theta t_{i:n}\right]\right.$$
$$\left.+\exp\left[\left(\lambda_{12}-\lambda_{22}\right)\tau\theta+\lambda_{22}\theta t_{i:n}\right]-1\right\}^{-\frac{1+\theta+R_i}{\theta}} \tag{6-30 c}$$

$$\pi\left(\lambda_{22}\big|\lambda_{11},\lambda_{12},\lambda_{21},\theta\right)\propto\lambda_{22}^{\alpha_{22}+n_{22}-1}\exp\left(\theta\lambda_{22}T_{22}-\beta_{22}\lambda_{22}\right)$$
$$\times\prod_{i=N_1+1}^{N_1+N_2}\left\{\exp\left[\left(\lambda_{11}-\lambda_{21}\right)\tau\theta+\lambda_{21}\theta t_{i:n}\right]\right.$$
$$\left.+\exp\left[\left(\lambda_{12}-\lambda_{22}\right)\tau\theta+\lambda_{22}\theta t_{i:n}\right]-1\right\}^{-\frac{1+\theta+R_i}{\theta}} \tag{6-30 d}$$

$$\pi\left(\theta\big|\lambda_{11},\lambda_{12},\lambda_{21},\lambda_{22}\right)\propto\theta^{-1}\times\exp\left(\lambda_{21}\theta T_{21}\right)\times\exp\left(\lambda_{22}\theta T_{22}\right)$$
$$\times\prod_{i=1}^{N_1}\left[\exp\left(\theta\lambda_{11}t_{i:n}\right)+\exp\left(\theta\lambda_{12}t_{i:n}\right)-1\right]^{-\frac{1+\theta+R_i}{\theta}}$$
$$\times\prod_{i=N_1+1}^{N_1+N_2}\left\{\exp\left[\left(\lambda_{11}-\lambda_{21}\right)\tau\theta+\lambda_{21}\theta t_{i:n}\right]\right.$$
$$\left.+\exp\left[\left(\lambda_{12}-\lambda_{22}\right)\tau\theta+\lambda_{22}\theta t_{i:n}\right]-1\right\}^{-\frac{1+\theta+R_i}{\theta}} \tag{6-30 e}$$

6.4.2　HPD置信区间估计

利用参数的后验概率密度函数，构造HPD置信区间步骤如下：

步骤一：令$N=1000$，基于后验密度$\pi(\lambda_{ij}|t)$，用MH抽样产生MCMC样本$\hat{\lambda}_{ijk}^{*}$ $(i,j=1,2;k=1,\cdots,N)$；

步骤二：将$\hat{\lambda}_{ijk}^{*}(i,j=1,2;k=1,\cdots,N)$按升序排列，得到$\hat{\lambda}_{ij}^{*[1]}<\hat{\lambda}_{ij}^{*[2]}<\cdots<\hat{\lambda}_{ij}^{*[N]}$，$i,j=1,2$；

步骤三：计算置信度为$100(1-\gamma)\%$的置信区间为

$$\left(\hat{\lambda}_{ij}^{*[m]},\hat{\lambda}_{ij}^{*[m+(1-\gamma)N]}\right),m=1,2,\cdots[\gamma N] \tag{6-31}$$

步骤四：通过计算$\hat{\lambda}_{ij}^{*[m^{*}+(1-\gamma)N]}-\hat{\lambda}_{ij}^{*[m^{*}]}<\hat{\lambda}_{ij}^{*[m+(1-\gamma)N]}-\hat{\lambda}_{ij}^{*[m]}$，得到参数$\lambda_{ij}(i,j=1,2)$的HPD置信区间$\left(\hat{\lambda}_{ij}^{*[m^{*}]},\hat{\lambda}_{ij}^{*[m^{*}+(1-\gamma)N]}\right)$。

6.5 数值模拟与分析

6.5.1 数值模拟

本小节中用MCMC算法来模拟上述简单步应力加速相依竞争失效模型参数估计以及置信区间估计，其中使用到的试验样本以及对应的截尾样本如表6-1所示。假设正常应力强度$S_0 = 293K$，加速应力强度有两个分别为$S_1 = 323K$，$S_2 = 353K$。在模拟试验中给定参数真值分别为$\lambda_{11} = 1.0$，$\lambda_{12} = 0.5$，$\lambda_{21} = 2.0$和$\lambda_{22} = 1.0$。假设二维Clayton Copula函数中参数$\theta = 1$，$\theta = 2$和$\theta = 3$，根据公式（2-35 b）得相应的Kendall秩相关系数分别为$\tau = 1/3$，$\tau = 1/2$和$\tau = 3/5$，试验次数$N = 1000$。对于不同的参数估计将通过均值（Average Estimates，AEs）和均方误差（Mean Square Errors，MSEs）性能指标进行比较，公式如下：

$$AE_{\lambda_{ij}} = \frac{1}{N}\sum_{k=1}^{N}\hat{\lambda}_{ij}^{(k)} \qquad (6\text{-}32\,a)$$

$$AE_{\theta} = \frac{1}{N}\sum_{k=1}^{N}\hat{\theta}^{(k)} \qquad (6\text{-}32\,b)$$

$$MSE_{\lambda_{ij}} = \sqrt{\frac{1}{N}\sum_{k=1}^{N}\left(\lambda_{ij} - \hat{\lambda}_{ij}^{(k)}\right)^2} \qquad (6\text{-}33\,a)$$

$$MSE_{\theta} = \sqrt{\frac{1}{N}\sum_{k=1}^{N}\left(\theta - \hat{\theta}^{(k)}\right)^2} \qquad (6\text{-}33\,b)$$

其中$\hat{\lambda}_{ij}^{(k)}$，$\hat{\theta}^{(k)}$分别是参数$\lambda_{ij}(i=1,2,3; j=1,2)$，$\theta$的第$k$次参数估计值。

数据模拟步骤如下：

步骤一：基于不同的截尾方案，在给定的尺度参数真值$\lambda_{ij}(i,j=1,2)$和二维Clayton Copula函数中参数$\theta = 1$下，根据Copula理论随机产生相依的渐进Ⅱ型截尾样本；

步骤二：根据公式（6-18）和公式（6-22），计算参数$\lambda_{ij}(i,j=1,2)$的MLEs估计值以及对应的渐进置信区间；

步骤三：根据公式（6-23），计算参数$\lambda_{ij}(i,j=1,2)$的Bootstrap置信区间，公式中的$B = 1000$；

步骤四：根据参数的边缘后验密度函数利用MH抽样，计算参数$\lambda_{ij}(i,j=1,2)$在SELF下的Bayes估计值，根据公式（6-31），计算参数$\lambda_{ij}(i,j=1,2)$对应的HPD置信区间；

步骤五：重复步骤一至步骤四 N 次，根据公式（6-32）和公式（6-33）计算参数 $\lambda_{ij}(i, j = 1, 2)$ 的 AEs 和 MSEs，试验结果见表 6-2。计算参数 $\lambda_{ij}(i, j = 1, 2)$ 的渐进置信区间、Bootstrap 置信区间以及 HPD 置信区间的 95% 的置信区间的覆盖率（Coverage Probabilities，CPs），试验结果见表 6-5；

步骤六：基于不同的截尾方案，在给定的尺度参数真值 $\lambda_{ij}(i, j = 1, 2)$ 和二维 Clayton Copula 函数中参数 $\theta = 2$ 下，根据 Copula 理论随机产生相依渐进 II 型截尾样本。重复步骤二和步骤五，试验结果见表 6-3。计算参数 $\lambda_{ij}(i, j = 1, 2)$ 的渐进置信区间、Bootstrap 置信区间以及 HPD 置信区间的 95% 的置信区间的 CPs，试验结果见表 6-6；

步骤七：基于不同的截尾方案，在给定的尺度参数真值 $\lambda_{ij}(i, j = 1, 2)$ 和二维 Clayton Copula 函数中参数 $\theta = 3$ 下，根据 Copula 理论随机产生相依渐进 II 型截尾样本。重复步骤二和步骤五，试验结果见表 6-4。计算参数 $\lambda_{ij}(i, j = 1, 2)$ 的渐进置信区间、Bootstrap 置信区间以及 HPD 置信区间的 95% 的置信区间的 CPs，试验结果见表 6-7；

步骤八：根据公式（6-24）算出 Bayes 和 MLEs 下加速模型的参数 $\hat{a}_1$，$\hat{a}_2$，$\hat{b}_1$ 和 $\hat{b}_2$ 以及常应力下的参数 $\hat{\lambda}_{01}$ 和 $\hat{\lambda}_{02}$，试验结果见表 6-8 至表 6-11；

步骤九：根据公式（6-26），分别根据 Bayes 和 MLEs 估计结果画出在参数 $\theta = 1$，$\theta = 2$ 和 $\theta = 3$ 下的相依竞争失效模型的 CDF 和真实相依竞争失效模型的 CDF 的对比图，其中 $\tau = \theta / (\theta + 2)$，试验结果见图 6-1 和图 6-2。

表 6-1　试验样本

方案	N	N_1	N_2	$\sum_{i=1}^{N_1} R_i$	$\sum_{i=N_1+1}^{N_2} R_i$	$(R_1, \cdots, R_{N_1})(R_{N_1+1}, \cdots, R_{N_1+N_2})$
1	40	20	10	5	5	$(0, \cdots, 0, 1, 2, 2)\ (0, \cdots, 0, 1, 2, 2)$
2	40	10	20	5	5	$(0, \cdots, 0, 1, 2, 2)\ (0, \cdots, 0, 1, 2, 2)$
3	60	30	16	8	6	$(0, \cdots, 0, 2, 2, 2, 2)\ (0, \cdots, 0, 2, 2, 2, 2)$
4	60	16	30	6	8	$(0, \cdots, 0, 2, 2, 2)\ (0, \cdots, 0, 2, 2, 2, 2)$

表 6-2　$\theta = 1$ 下参数 λ_{ij} 的均值和均方误差

方案	$\hat{\lambda}_{11MLE}$ 均值（均方误差）	$\hat{\lambda}_{11B}$ 均值（均方误差）	$\hat{\lambda}_{12MLE}$ 均值（均方误差）	$\hat{\lambda}_{12B}$ 均值（均方误差）	$\hat{\lambda}_{21MLE}$ 均值（均方误差）	$\hat{\lambda}_{21B}$ 均值（均方误差）	$\hat{\lambda}_{22MLE}$ 均值（均方误差）	$\hat{\lambda}_{22B}$ 均值（均方误差）
1	1.112 (0.125)	1.092 (0.116)	0.529 (0.105)	0.518 (0.099)	2.115 (0.227)	2.106 (0.221)	0.927 (0.245)	0.940 (0.239)

续　表

方案	$\hat{\lambda}_{11MLE}$ 均值（均方误差）	$\hat{\lambda}_{11B}$ 均值（均方误差）	$\hat{\lambda}_{12MLE}$ 均值（均方误差）	$\hat{\lambda}_{12B}$ 均值（均方误差）	$\hat{\lambda}_{21MLE}$ 均值（均方误差）	$\hat{\lambda}_{21B}$ 均值（均方误差）	$\hat{\lambda}_{22MLE}$ 均值（均方误差）	$\hat{\lambda}_{22B}$ 均值（均方误差）
2	1.095 (0.120)	1.087 (0.118)	0.517 (0.107)	0.512 (0.100)	2.106 (0.225)	2.101 (0.197)	0.934 (0.230)	0.939 (0.229)
3	1.101 (0.117)	1.089 (0.120)	0.524 (0.097)	0.516 (0.089)	2.112 (0.210)	2.103 (0.204)	0.933 (0.240)	0.941 (0.237)
4	1.105 (0.121)	1.091 (0.124)	0.478 (0.099)	0.483 (0.090)	2.119 (0.211)	2.109 (0.207)	0.953 (0.189)	0.950 (0.180)

表 6-3　$\theta=2$ 下参数 λ_{ij} 的均值和均方误差

方案	$\hat{\lambda}_{11MLE}$ 均值（均方误差）	$\hat{\lambda}_{11B}$ 均值（均方误差）	$\hat{\lambda}_{12MLE}$ 均值（均方误差）	$\hat{\lambda}_{12B}$ 均值（均方误差）	$\hat{\lambda}_{21MLE}$ 均值（均方误差）	$\hat{\lambda}_{21B}$ 均值（均方误差）	$\hat{\lambda}_{22MLE}$ 均值（均方误差）	$\hat{\lambda}_{22B}$ 均值（均方误差）
1	1.091 (0.120)	1.082 (0.117)	0.525 (0.097)	0.516 (0.090)	2.104 (0.214)	2.088 (0.209)	0.930 (0.237)	0.941 (0.232)
2	1.081 (0.125)	1.078 (0.124)	0.472 (0.092)	0.470 (0.091)	2.092 (0.221)	2.070 (0.212)	0.938 (0.227)	0.940 (0.224)
3	1.087 (0.115)	1.078 (0.110)	0.520 (0.085)	0.511 (0.083)	2.097 (0.204)	2.082 (0.200)	0.937 (0.224)	0.943 (0.219)
4	1.092 (0.121)	1.075 (0.119)	0.480 (0.090)	0.487 (0.089)	2.116 (0.207)	2.107 (0.203)	0.950 (0.207)	0.952 (0.198)

表 6-4　$\theta=3$ 下参数 λ_{ij} 的均值和均方误差

方案	$\hat{\lambda}_{11MLE}$ 均值（均方误差）	$\hat{\lambda}_{11B}$ 均值（均方误差）	$\hat{\lambda}_{12MLE}$ 均值（均方误差）	$\hat{\lambda}_{12B}$ 均值（均方误差）	$\hat{\lambda}_{21MLE}$ 均值（均方误差）	$\hat{\lambda}_{21B}$ 均值（均方误差）	$\hat{\lambda}_{22MLE}$ 均值（均方误差）	$\hat{\lambda}_{22B}$ 均值（均方误差）
1	1.082 (0.117)	1.063 (0.115)	0.483 (0.093)	0.490 (0.089)	2.091 (0.207)	2.069 (0.197)	0.936 (0.224)	0.948 (0.219)
2	1.091 (0.121)	1.087 (0.119)	0.480 (0.097)	0.482 (0.093)	2.083 (0.211)	2.077 (0.204)	0.937 (0.223)	0.940 (0.214)
3	1.076 (0.116)	1.051 (0.109)	0.478 (0.087)	0.495 (0.081)	2.089 (0.196)	2.063 (0.189)	0.942 (0.216)	0.951 (0.209)
4	1.089 (0.123)	1.065 (0.117)	0.485 (0.090)	0.496 (0.088)	2.110 (0.202)	2.097 (0.199)	0.956 (0.201)	0.960 (0.187)

表6-5　$\theta=1$下参数λ_{ij}的95%置信区间覆盖率

方案	$\hat{\lambda}_{11}$			$\hat{\lambda}_{12}$			$\hat{\lambda}_{21}$			$\hat{\lambda}_{22}$		
	ACI	BCI	HPD	ACI	BCI	HPD	ACI	BCI	HPD	ACI	BCI	HPD
1	0.948	0.950	0.957	0.934	0.936	0.939	0.945	0.950	0.951	0.935	0.938	0.940
2	0.944	0.945	0.949	0.930	0.935	0.937	0.949	0.952	0.956	0.938	0.941	0.943
3	0.950	0.952	0.958	0.937	0.940	0.942	0.946	0.949	0.954	0.940	0.942	0.946
4	0.946	0.949	0.953	0.933	0.937	0.940	0.951	0.954	0.959	0.939	0.944	0.947

表6-6　$\theta=2$下参数λ_{ij}的95%置信区间覆盖率

方案	$\hat{\lambda}_{11}$			$\hat{\lambda}_{12}$			$\hat{\lambda}_{21}$			$\hat{\lambda}_{22}$		
	ACI	BCI	HPD	ACI	BCI	HPD	ACI	BCI	HPD	ACI	BCI	HPD
1	0.949	0.953	0.959	0.937	0.940	0.942	0.950	0.952	0.956	0.938	0.942	0.945
2	0.944	0.950	0.953	0.935	0.938	0.940	0.952	0.956	0.959	0.940	0.944	0.947
3	0.951	0.954	0.960	0.938	0.943	0.945	0.952	0.956	0.962	0.939	0.947	0.948
4	0.950	0.953	0.957	0.936	0.940	0.943	0.957	0.960	0.964	0.942	0.948	0.950

表6-7　$\theta=3$下参数λ_{ij}的95%置信区间覆盖率

方案	$\hat{\lambda}_{11}$			$\hat{\lambda}_{12}$			$\hat{\lambda}_{21}$			$\hat{\lambda}_{22}$		
	ACI	BCI	HPD	ACI	BCI	HPD	ACI	BCI	HPD	ACI	BCI	HPD
1	0.951	0.954	0.955	0.933	0.937	0.947	0.953	0.957	0.959	0.943	0.945	0.947
2	0.950	0.956	0.959	0.937	0.940	0.945	0.956	0.959	0.962	0.945	0.948	0.951
3	0.957	0.961	0.964	0.942	0.947	0.950	0.955	0.958	0.963	0.948	0.949	0.952
4	0.955	0.957	0.961	0.940	0.943	0.947	0.957	0.960	0.968	0.947	0.950	0.954

表6-8　基于极大似然估计加速模型参数的估计

方案	$\hat{a}_1$			$\hat{b}_1$			$\hat{a}_2$			$\hat{b}_2$		
	$\theta=1$	$\theta=2$	$\theta=3$	$\theta=1$	$\theta=2$	$\theta=3$	$\theta=1$	$\theta=2$	$\theta=3$	$\theta=1$	$\theta=2$	$\theta=3$
1	7.670	7.814	7.831	−2443	−2496	−2503	5.963	6.083	7.350	−2132	−2173	−2618
2	7.706	7.846	7.696	−2485	−2509	−2457	6.099	6.133	7.136	−2147	−2190	−2542
3	7.761	7.815	7.879	−2476	−2497	−2521	6.101	6.274	7.244	−2178	−2238	−2578
4	7.763	7.871	7.868	−2474	−2514	−2513	7.380	7.298	7.261	−2622	−2594	−2579

表6-9 基于极大似然估计正常应力水平下的尺寸参数估计

方案	$\hat{\lambda}_{01}$			$\hat{\lambda}_{02}$		
	$\theta=1$	$\theta=2$	$\theta=3$	$\theta=1$	$\theta=2$	$\theta=3$
1	0.5125	0.4945	0.4892	0.2691	0.2636	0.2049
2	0.4979	0.4879	0.5005	0.2535	0.2563	0.2144
3	0.5023	0.4925	0.4838	0.2637	0.2557	0.2111
4	0.5042	0.4921	0.4908	0.2081	0.2108	0.2141

表6-10 基于贝叶斯估计加速模型参数的估计

方案	$\hat{a}_1$			$\hat{b}_1$			$\hat{a}_2$			$\hat{b}_2$		
	$\theta=1$	$\theta=2$	$\theta=3$	$\theta=1$	$\theta=2$	$\theta=3$	$\theta=1$	$\theta=2$	$\theta=3$	$\theta=1$	$\theta=2$	$\theta=3$
1	7.816	7.814	7.897	−2496	−2498	−2531	6.354	6.408	7.052	−2264	−2283	−2508
2	7.837	7.752	7.702	−2504	−2479	−2460	6.466	6.476	7.129	−2305	−2334	−2538
3	7.829	7.820	7.985	−2502	−2501	−2563	6.408	6.538	6.979	−2283	−2328	−2482
4	7.842	7.990	8.035	−2505	−2557	−2575	7.231	7.167	7.069	−2570	−2547	−2509

表6-11 基于贝叶斯估计正常应力水平下的尺寸参数估计

方案	$\hat{\lambda}_{01}$			$\hat{\lambda}_{02}$		
	$\theta=1$	$\theta=2$	$\theta=3$	$\theta=1$	$\theta=2$	$\theta=3$
1	0.4949	0.4900	0.4765	0.2526	0.2501	0.2213
2	0.4913	0.4911	0.4982	0.2465	0.2039	0.2155
3	0.4928	0.4878	0.4663	0.2502	0.2443	0.2254
4	0.4931	0.4778	0.4708	0.2138	0.2171	0.2238

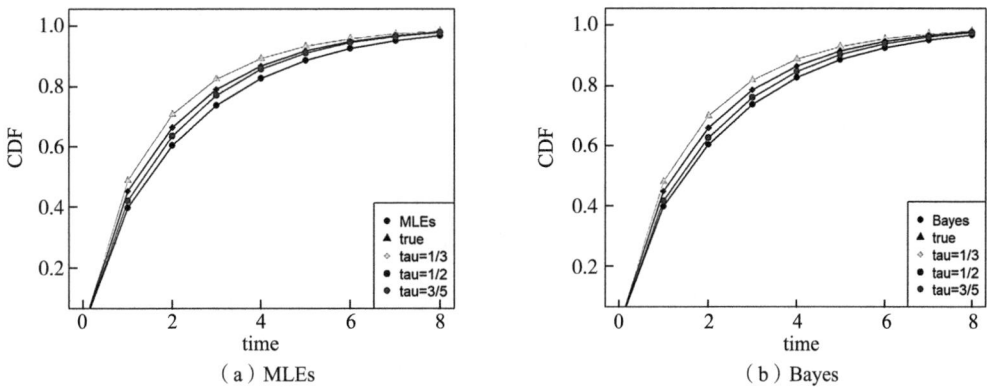

（a）MLEs （b）Bayes

图6-1 在不同方案下的 CDF 以及真实 CDF

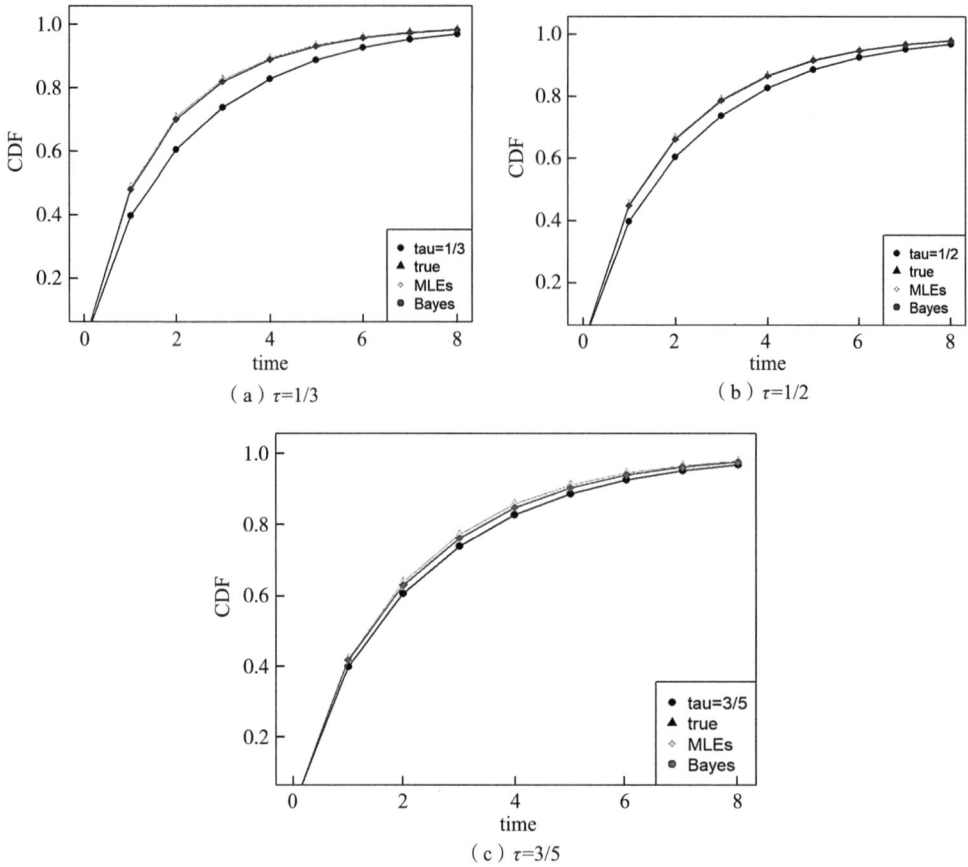

（a）$\tau=1/3$

（b）$\tau=1/2$

（c）$\tau=3/5$

图6-2 在不同 τ 下的 CDF 以及真实 CDF

6.5.2 模拟数值分析

通过上述的模拟结果，可以得出如下结论：

（1）由表6-2至表6-4可以看出，当 θ 确定时，随着截尾试验数据的增加，模型参数的估计值 λ_{ijMLE} 和 λ_{ijB} 更接近于真值，即表现为参数估计的MSEs更加小，这说明试验失效数据的数量会影响参数估计的精确度。同时相较于MLEs，贝叶斯统计方法表现更加优秀，即表现为参数估计的MSEs更加小。

（2）由表6-2至表6-4可以看出，当截尾试验数据相同时，随着参数 θ 的增大，模型参数的估计值 λ_{ijMLE} 和 λ_{ijB} 更接近于真值，即表现为参数估计的MSEs更加小，这说明相依竞争失效模型的相关程度会影响参数估计的精确度。

（3）由表6-2至表6-4可以看出，当应力强度 S_1 下的失效数据占比大于应力强度 S_2 下的失效数据占比时，参数 λ_{1jMLE} 和 λ_{1jB} 估计值更加接近于真值，但当应力强度 S_1

下的失效数据占比小于应力强度 S_2 下的失效数据占比时，参数 λ_{2jMLE} 和 λ_{2jB} 估计值更加接近于真值。这说明在试验中由应力强度 S_1 提升到应力强度 S_2 时的时间节点也会影响不同参数估计的精确度。

（4）由表6-5至表6-8可以看出，当 θ 确定时，随着截尾试验数据的增加，模型参数的ACIs，BCIs和HPD的区间覆盖率都在增加，并且HPD的覆盖率略高一些。

（5）由表6-5至表6-8可以看出，当截尾试验数据相同时，随着参数 θ 的增大，模型参数的ACIs，BCIs和HPD的区间覆盖率都在增加，这说明相依竞争失效模型的相关程度会影响参数区间估计的覆盖率。

（6）由图6-1可以看出，不管是MLEs还是Bayes，随着参数 θ 的增大，估计相依竞争失效模型的CDF更接近于实际相依竞争失效模型的CDF。

（7）由图6-2可以看出，当 θ 确定时，相较于MLEs由Bayes估计推算出的相依竞争失效模型的CDF更接近于实际相依竞争失效模型的CDF。

6.6　实际算例

本小节中将使用实际算例来说明上述模型的可行性。实际数据来源于文献[137]，是太阳能照明设备寿命试验数据。数据中包含两个失效模式：Capacitor failure 和 Controller failure，分别记为模式1和模式2。数据中涉及两种应力水平：S_1=293K 和 S_2=353K，以及正常的应力水平 S_0=273K，数据见表6-12。其中包含35的数据，当 τ=5（百小时）时应力强度由 S_1 提升到 S_2。根据上述模型估计，可以得到模型参数的MLEs和Bayes估计及加速模型参数，结果见表6-13。

表 6-12　太阳能照明设备寿命试验数据

温度	失效时间（失效模式)(1=Capacitor ; 2=Controller)
293K	0.140(1), 0.738(2), 1.324(2), 1.582(1), 1.716(2), 1.794(2), 1.883(2), 2.293(2) 2.660(2), 2.674(2), 2.725(2), 3.085(2), 3.924(2), 4.396(2), 4.612(1),4.892(2)
353K	5.002(1), 5.022(2), 5.082(1), 5.112(1), 5.147(1), 5.238(1), 5.244(1), 5.247(1) 5.305(2), 5.337(2), 5.407(1), 5.408(2), 5.445(1), 5.483(1), 5.717(2)

表 6-13 参数估计

参数	$\hat{\lambda}_{11}$	$\hat{\lambda}_{12}$	$\hat{\lambda}_{21}$	$\hat{\lambda}_{22}$	$\hat{a}_1$	$\hat{b}_1$	$\hat{a}_2$	$\hat{b}_2$
MLEs	0.021	0.094	1.107	0.588	19.5	−6834	8.42	−3160
Bayes	0.025	0.082	1.846	0.732	21.6	−7415	10.3	−3773

6.7 本章小结

本章研究了 Copula 理论下的简单步应力加速相依竞争失效模型的统计分析和可靠性研究。本章通过经典统计方法——MLEs 和贝叶斯统计方法对模型参数的点估计和置信区间估计利用 AEs、MSEs 和 CPs 统计量进行比较。估计中先给出了模型参数的极大似然估计、渐进置信区间、Bootstrap 置信区间，接着利用 Bayes 方法在平方误差损伤函数下对模型参数进行点估计和 HPD 置信区间估计。通过数值模拟结果可以看出，随着参数 θ 的增大，尺度参数的 λ_{ijMLE} 和 λ_{ijB} 估计值更接近于真值，即参数估计的 MSEs 更加小，同时 ACIs，BCIs 和 HPD 的区间覆盖率也在增加，说明相依竞争失效模型的相关程度会影响模型参数估计的精确度。通过估计结果画出不同参数 θ 的模型的 CDF 和实际模型的 CDF 进行比较，结果同样表明随着相关性越强，估计模型的 CDF 更加接近于实际模型的 CDF，即本章的应用研究具有一定有效性。最后通过太阳能照明设备寿命试验数据为实例，利用上述提出的相依竞争失效模型完成了可靠性估计和寿命预测，表明本章应用研究具有一定实用性。

7 结论与展望

本章首先对本书的主要研究成果进行归纳总结，其次在此基础上给出下一步研究工作的展望。

一、主要研究成果

本书主要研究基于竞争失效模型的产品可靠性评估问题，主要从模型的理论价值和估计精度两个主题进行研究，并充分考虑模型的工程实践意义。

（1）首先，提出了恒定应力加速相依竞争失效模型，基于截尾数据建立模型的似然函数，并对该模型进行了统计分析和可靠性研究，给出模型参数的点估计和置信区间估计。其次，根据估计模型参数推导出常应力水平下的模型参数，并进行产品剩余寿命预测。最后，通过一组实际数据，证实了所提出模型与统计分析方法理论上的有效性和工程实践上的实用性。

（2）在上述研究模型的基础上，对失效机理的相依性进行研究。首先，提出了恒定应力加速相依竞争失效模型，在模型中失效机理之间的相依关系通过二维Clayton Copula函数来进行描述，推导出变量的联合生存函数和模型的联合概率密度函数，并对该模型进行了统计分析和可靠性研究。其次，通过对模拟试验数据分析，结果表明失效机理之间的相依程度决定模型参数估计的精准性，即随着相关系数的增加，加速模型的参数更加趋近于真值。同时通过绘制不同相关系数下的模型估计的累积分布函数与实际的累积分布函数的对比图，证实了Copula理论在研究竞争失效机理的相关性具有重要作用。最后，通过电动机的绝缘系统的数据为实例，表明该模型在应用研究上的实用性。

（3）在逐步Ⅱ型截尾试验下，提出简单步进应力加速竞争失效模型，并对模型进行统计分析和可靠性研究。首先，基于累积损伤模型建立模型的似然函数，推导出未知参数的最大似然估计并构建了参数的渐进置信区间。并用Bootstrap方法构建了参数的Bootstrap-p置信区间和Bootstrap-t置信区间。其次，基于Bayes理论，将产品的先验信息融入统计分析中，选取共轭先验并给出不同损伤函数下的参数的Bayes估计以及HPD置信区间。考虑到先验分布中也会有超参数，所以给超参数一个先验分布，即给出不同损伤函数下的参数的H-Bayes估计以及HPD置信区间。同时由于H-Bayes估计中涉及了积分运算，文中又引入不同损伤函数下的参数的E-Bayes估计以及HPD置信区间。最后，通过MCMC算法来模拟试验，并对试验数据进行分析，结果表明在参数估计和置信区间估计两个方面，贝叶斯统计方法相较于经典统计方法能得到更加精确的估计结果，在相同的条件下，贝叶斯统计方法中的E-Bayes 方法和H-Bayes 方法比Bayes方法的参数估计和HPD置信区间估计上精确度更高，稳定性更好。说明贝叶斯统计方法在模型的统计分析中由于结合了先验信息，从而提高了模型参数的估计精度。

（4）为了进一步提高模型参数的估计精度，将Copula理论与简单步应力加速竞争失效模型结合，提出简单步进应力加速相依竞争失效模型。首先，通过二维Clayton Copula函数来描述失效机理的相依关系，然后根据累积损伤模型建立模型的似然函数。其次，使用MLEs方法和贝叶斯统计方法对模型参数进行点估计，渐进置信区间估计，Bootstrap置信区间估计以及HPD置信区间估计，并推算出常应力下寿命模型参数，进而预测产品剩余寿命。再次，通过MCMC算法来模拟试验，通过模拟结果证实了：①Copula理论在研究竞争失效机理的相关性上发挥着重要作用。②贝叶斯统计方法在模型的统计分析中由于结合了先验信息，从而提高了模型参数的估计精度。最后，通过一组实际数据，证实了所提出模型与统计分析方法的理论上的有效性和工程实践上的实用性。

二、研究展望

虽然本书对基于竞争失效理论的加速寿命模型可靠性进行了研究，但仍有大量的研究工作需要进一步的深入和扩展，主要体现在以下几个方面：

（1）虽然截尾试验可以缩短一定的试验时间，但是在实际试验中，得到的数据有可能会出现某些信息的丢失，即得到屏蔽数据（Masked Data）。如何基于屏蔽数据建立加速寿命可靠性模型，并对模型进行统计分析值得进一步研究。

（2）在考虑用Copula函数来描述失效机理的相依性上，如何选择最合适的Copula函数，或构造适合的Copula函数来描述竞争机理的相关性也是下一步研究的重点。

（3）在对模型进行统计分析时，虽然Bayes估计方法提高了模型参数估计的精度，但还是存在一定的问题，例如先验分布的选择，超参数的确定，抽样中马尔科夫链收敛性的诊断等。因此如何进一步提高模型参数估计的精度还有待进一步研究。

（4）21世纪以来，随着科技水平的飞跃式发展、制造工业精密化、新型复合材料的层出不穷，长寿命产品在航空航天、电子工业、信息工业等各大工业领域应用越来越广泛。伴随产品寿命和可靠性的提高，产品的失效模式的研究逐步从突发失效向退化失效上转变，退化失效是长寿产品失效的主要原因，因此基于退化失效数据的加速寿命试验也是下一步研究的重点。

参考文献

[1] 戴树森，费鹤良，王玲玲，等.可靠性试验及其统计分析[M].北京：国防工业出版社，1983.

[2] 何国伟.可靠性试验技术[M].北京：国防工业出版社，1988.

[3] 周源泉，翁朝曦.可靠性评定[M].北京：科学出版社，1990.

[4] 茆诗松，汤银才，王玲玲.可靠性统计[M].北京：高等教育出版社，2008.

[5] HERD R G. Estimation of the parameters of a population from a multi-censored sample [D]. Ph. D. Thesis. Iowa State College，Ames，Iowa. 1956.

[6] YURKOWSKY W，SCLLAFTER R E，FINKELSTEILL J M. Accelerated testing technology[R]. Technical Report NO. RADC-TR-67-420，Rome Air Development Center，1967.

[7] 中华人民共和国第四机械工业部.恒定应力寿命试验和加速寿命试验方法总则：GB 2689.1—1981[S].北京：中国标准出版社，1981.

[8] 中华人民共和国第四机械工业部.寿命试验和加速寿命试验的图估计法（用于威布尔分布）：GB 2689.2—1981[S].北京：中国标准出版社，1981.

[9] 中华人民共和国第四机械工业部.寿命试验和加速寿命试验的简单线性无偏估计法（用于威布尔分布）：GB 2689.3—1981[S].北京：中国标准出版社，1981.

[10] 中华人民共和国第四机械工业部.寿命试验和加速寿命试验的最好线性无偏估计法（用于威布尔分布）：GB 2689.4—1981[S].北京：中国标准出版社，1981.

[11] NELSON W B，KIELPINSKI T J. Theory for Optimum Censored Accelerated Life Tests for Normal and Lognormal Life Distribution[J]. Technometrics，1976，18（1）：105-114.

[12] NELSON W B. Accelerated Testing：Statistical Models，Test Plans and Data Analysis[M]. New York：Wiley，1990.

[13] BUGAIGHIS M M. Efficiencies of MLE and BLUE for parameters of an accelerated life test model[J]. IEEE Transactions on Reliability，1988，37（2）：230-233.

[14] MEEKER W Q，ESCOBAR L A. Statistical Methods for Reliability Data[M]. New York：Wiley，1998.

[15] NELSON W B. A Bibliography of Accelerated Test Plans[J]. IEEE Transactions on Reliability，2005，54（2）：194-197.

[16] NELSON W B. A Bibliography of Accelerated Test Plans Part Ⅱ – Reference[J]. IEEE

Transactions on Reliability，2005，54（3）：370–373.

[17] 张志华，茆诗松. 恒加试验简单线性估计的改进[J]. 高校应用数学学报（A辑），1997，12（3）：417–424.

[18] 茆诗松，韩青. Statistical analysis of life and accelerated life test on Weibull distribution case under type-Ⅰ censoring[J]. 应用概率统计，1991，7（1）：61–72.

[19] 孙利民，张志华. Weibull 分布下恒定应力加速寿命的试验分析[J]. 江苏理工大学学报（自然科学版），2000，21（3）：78–81.

[20] XU A，FU J，TANG Y，et al. Bayesian analysis of constant–stress accelerated life test for the Weibull distribution using noninformative priors[J]. Applied Mathematical Modeling，2015，39（20）：6183– 6195.

[21] WANG L. Inference of constant–stress accelerated life test for a truncated distribution under progressive censoring[J]. Applied Mathematical Modeling，2017，44：743–757.

[22] WANG L. Estimation of constant–stress accelerated life test for Weibull distribution with non–constant shape parameter[J]. Journal of computational and applied Mathematics，2018，343（1）：539–555.

[23] WANG L. Estimation of exponential population with non–constant parameters under constant–stress model[J]. Journal of computational and applied Mathematics，2018，342（1）：478–494.

[24] 龙兵，张忠占. 恒定应力部分加速寿命试验的统计分析[J]. 应用数学学报，2019，32（2）：302–310.

[25] 毕然，武东. Weibull分布恒定应力加速寿命试验的 Bayes 估计[J]. 纯粹数学与应用数学，2014，30（1）：93–99.

[26] 管强，汤银才，邱锦明. 广义指数分布下恒定应力加速寿命试验的贝叶斯估计[J]. 数学实践与认识，2014，44（4）：188–196.

[27] DAVID H A，MOESCHBERGER M L. The Theory of Competing Risks[M]. London：Charles Griffin，1978.

[28] CROWDER M J. Classical competing risks[M]. London：Chapman and Hall–CRC，2001.

[29] WANG L，TRIPATHI Y M，LODHI C. Inference for Weibull competing risks model with partially observed failure causes under generalized progressive hybrid censoring[J]. Journal of Computational and Applied Mathematics，2020，368：423–431.

[30] YANG L，ZHAO Y，PENG R，et al. Hybrid Preventive Maintenance of Competing

Failures under Random Environment[J]. Reliability Engineering and System Safety, 2018, 174(C): 130-140.

[31] PAREEK B, KUNDU D, KUMAR S. On Progressively Censored Competing Risks Data for Weibull Distributions[J]. Computational Statistics and Data Analysis, 2009, 53(12): 4083-4094.

[32] NELSON W B. Graphical of accelerated test with a mix of failure modes[J]. IEEE Transaction Reliability, 1975, 24(4): 230-237.

[33] NELSON W B. Analysis of accelerated life test data with a mix of failure modes by maximum likelihood[J]. 74-CRD-160, 1974.

[34] 张志华. 竞争失效产品加速寿命试验的非参数统计方法[J]. 工程数学学报, 2002, 19(3): 59-63.

[35] 师义民, 师小琳. 竞争失效产品部分加速寿命试验的统计分析[J]. 西北工业大学学报, 2017, 1(35): 109-115.

[36] PAREEK B, KUNDU D, KUMAR S. On Progressively Censored Competing Risks Data for Weibull Distributions[J]. Computational Statistics and Data Analysis, 2009, 53(12): 4083-4094.

[37] WU M, SHI Y M, SUN Y. Inference for Accelerated Competing Failure Model from Weibull Distribution under Type-Ⅰ Progressively Hybrid Censoring[J]. Journal of Computational and Applied Mathematics, 2014, 263(1): 423-431.

[38] EI-RAHEEM A M A. Optimal Plans and Estimation of Constant-Stress Accelerated Life Tests for the Extension of the Exponential Distribution under Type-I Censoring[J]. Journal of Testing and Evaluation, 2019, 47(5): 3781-3821.

[39] NASSAR M, DEY S. Different Estimation Methods for Exponentiated Rayleigh Distribution under Constant-Stress Accelerated Life Test[J]. Quality and Reliability Engineering International, 2018, 34(8): 1633-1645.

[40] HAN D, KUNDU D. Inference for a Step-Stress Model with Competing Risks for Failure from the Generalized Exponential Distribution under Type-Ⅰ Censoring[J]. IEEE Transactions on Reliability, 2015, 64(1): 31-43.

[41] HAN D. Time and Cost Constrained Optimal Designs of Constant-Stress and Step-Stress Accelerated Life Tests[J]. Reliability Engineering and System Safety, 2015, 140: 1-14.

[42] ZHENG G Y, SHI Y M. Statistical Analysis in Constant-Stress Accelerated Life

Tests for Generalized Exponential Distribution based on Adaptive Type-Ⅱ Progressive Hybrid Censored Data[J]. Chinese Journal of Applied Probability and Statistics，2013，29（4）：363-380.

[43] KOHANSAL A. On Estimation of Reliability in a Multi-component Stress-Strength Model for a Kumaraswamy Distribution based on Progressively Censored Sample[J]. Statistical Papers，2019，60（6）：2185-2224.

[44] ZHANG Z，GUI W H. Statistical Inference of Reliability of Generalized Raleigh Distribution under Progressively Type-Ⅱ Censoring[J]. Journal of Computational and Applied Mathematics，2019，361：295-312.

[45] ISMAIL A A. Bayesian Estimation under Constant-Stress Partially Accelerated Life Test for Pareto Distribution with Type-Ⅰ Censoring[J]. Strength of Materials，2015，47（4）：633-641.

[46] WU S J，HUANG S R. Planning Two or More Level Constant-stress Accelerated Life Tests with Competing Risks[J]. Reliability Engineering and System Safety，2017，158（C）：1-8.

[47] NELSON W B. Accelerated life testing：step-stress models and data analysis[J]. IEEE Transactions on Reliability，1980，29（2）：103-108.

[48] BHATTACHARGGA G K，SOEJOETI Z A. A tampered failure rate model for step-stress Accelerated life test[J]. Communications in Statistics-Theory and Method，1989，18（5）：1627-1643.

[49] TANG L C，SUN Y S. Analysis of step-stress accelerated life test data：a new approach[J]. IEEE Transactions on Reliability，1996，45（1）：69-74.

[50] KHAMIS I H，HIGGINS J J. A new model for step-stress testing[J]. IEEE Transactions on Reliability，1998，47（2）：131-134.

[51] XIONG C J，MILLIKEN G A. Step-stress life testing with random stress change times for exponential data[J]. IEEE Transactions on Reliability，1999，48（2）：141-148.

[52] XIONG C J，JI M. Analysis of grouped and censored data from step-stress life test[J]. IEEE Transactions on Reliability，2004，53（1）：22-28.

[53] VILIJANDAS B B，REACHE L G. Parametric inference for step-stress models[J]. IEEE Transactions on Reliability，2002，51（1）：27-31.

[54] 费鹤良，指数模型步进应力加速寿命试验的区间估计[J]. 应用概率统计，1995，11（3）：297-304.

[55] NELSON W B. Residuals and their analysis for accelerated life tests with step and varying stress[J]. IEEE Transactions on Reliability, 2008, 57(2): 360–368.

[56] WANG B X. Testing for the validity of the assumption in the exponential step–stress accelerated life–testing model[J]. Computational Statistics and Data Analysis, 2009, 53(7): 2702–2709.

[57] BALAKRISHNAN N, HAN D. Optimal step–stress testing for progressively Type–Ⅰ censored data from the exponential distribution[J]. Journal of Statistical Planning and Inference, 2008, 139(5): 1782–1798.

[58] BALAKRISHNAN N, XIE Q H. Exact inference for a simple step–stress model with Type–Ⅱ hybrid censored data from the exponential distribution[J]. Journal of Statistical Planning and Inference, 2007, 137(8): 2543–2563.

[59] BALAKRISHNAN N, XIE Q H. Exact inference for a simple step–stress model with Type–Ⅰ hybrid censored data from the exponential distribution[J]. Journal of Statistical Planning and Inference, 2007, 137(8): 3268–3290.

[60] SUN T Y, SHI Y M. Estimation for Birnbaum–Saunders Distribution in simple Step Stress accelerated Life Test with Type–Ⅱ Censoring[J]. Communications in Statistics–Simulation and Computation, 2016, 45(3): 880–901.

[61] ZHANG C F, SHI Y M. Estimation of the extended Weibull parameters and acceleration factors in the step–stress accelerated life tests under an adaptive progressively hybrid censoring data[J]. Journal of statistical computation and simulation, 2016, 86(16): 3303–3314.

[62] LIU B, SHI Y M, ZHANG F D, et al. Reliability nonparametric Bayesian estimation for the masked data of parallel systems in step–stress accelerated life tests[J]. Journal of computational and Applied mathematics, 2017, 311(C): 375–386.

[63] WANG Y, ZHANG X Q, LU D J. Optimum Plan for Step–down–stress Accelerated Life Testing with Censoring and Numerical Simulation[J]. International Conference on Applied Mathematics, Modeling and Simulation, 2017, 153: 186–189.

[64] KOHL C, KATERI M. Bayesian analysis for step–stress accelerated life testing under progressive interval censoring[J]. Applied Stochastic Models in Business and Industry, 2019, 35(2): 234–246.

[65] RAMZAN Q, AMIN M, FAISAL M. Bayesian inference for modified Weibull distribution under simple step–stress model based on type–Ⅰ censoring[J]. Quality and

Reliability Engineering International，2021，2（38）：757–779.

[66] ZHENG M L. Optimal Robust Design of Step Stress Accelerated Life Test Scheme under Weibull Distribution[J]. Chinese Journal of Applied Probability and Statistics，2020，26（6）：619–626.

[67] LIN C T，CHOU C C，BALAKRISHNAN N. Planning step–stress test plans under Type–Ⅰ hybrid censoring for the log–location–scale distribution[J]. Statistical methods and applications，2020，29（2）：265– 288.

[68] 武东，汤银才. Weibull分布步进应力加速寿命试验Bayes估计[J]. 应用数学学报，2011，36（3）：495–501.

[69] 郑明亮. Weibull分布下步进应力加速寿命试验方案的最优稳健设计[J]. 应用概率统计，2020，36（6）：619–626.

[70] 李凌，徐伟. 威布尔产品加速寿命试验的可靠性分析[J]. 系统工程与电子技术，2010，32（7）：1544–1548.

[71] 谭源源，张春华，陈循等. 基于加速寿命试验的剩余寿命评估方法[J]. 机械工程学报，2010，46（2）：150–154.

[72] 张详坡，尚建忠，陈循，等. 三参数Weibull分布竞争失效场合变应力加速寿命试验统计分析[J]. 2014，50（14）：42–49.

[73] BALAKRISHNAN N，HAN D. Exact inference for a simple step–stress model with competing risks for a failure from exponential distribution under Type–Ⅱ censoring[J]. Journal of Statistical Planning and Inference，2008，138（12）：4172–4186.

[74] BELTRAMI J. Competing risk in step–stress model with lagged effect[J]. 2015，International Journal of Mathematics and Statistics，16：1–24 .

[75] BELTRAMI J. Weibull lagged effect step–stress model with competing risks[J]. Communications in Statistics–Theory and Methods，2017，46：5419–5442.

[76] LIU F，SHI Y M. Inference for a simple step–stress model with progressively censored competing risks data from Weibull distribution[J]. Communications in Statistics–Theory and Methods，2017，46（14）：7238–7255.

[77] SRIVASTAVA P W，SHARMA D. Optimum time–censored step–stress PALTSP with competing causes of failure using tampered failure rate model[J]. International Journal of Performability Engineering，2017，11：63–88.

[78] XU A，TANG Y，GUAN Q. Bayesian analysis of masked data in step–stress accelerated life testing[J]. Communications in Statistics–Simulation and Computation，

2014, 43: 2016–2030.

[79] ZHANG C F, SHI Y M, WU M. Statistical inference for competing risks model in step- stress partially accelerated life test with progressively Type- I hybrid censored Weibull life data[J]. Journal of Computational and Applied Mathematics, 2016, 297 (1): 65–74.

[80] ZHANG C F, SHI Y M. Statistical Prediction of failure times under generalized progressive hybrid censoring in a simple step–stress accelerated competing risks model[J]. Journal of systems engineering and electronics, 2017, 28(2): 282–291.

[81] GANGULY A, KUNDU D. Analysis of simple step stress model in presence of competing risks[J]. Journal of Statistical Computation and Simulation, 2016, 86: 1989–2006.

[82] HAN D, KUNDU D. Inference for a step–stress model with competing risks for failure from the generalized exponential distribution under Type- I censoring[J]. IEEE Transactions on Reliability, 2015, 64(1): 31–43.

[83] HAN D, NG H K T. Asymptotic comparison between constant–stress testing and step–stress testing for Type- I censored data from exponential distribution[J]. Communications in Statistics–Theory and Methods, 2014, 43(10–12): 2384–2394.

[84] HAN D, BALAKRISHNAN N. Inference for a simple step–stress model with competing risks for failure from exponential distribution under time constraint[J]. Computational Statistics and Data Analysis, 2010, 54(9): 2066–2081.

[85] VARHGESE S, VAIDYANATHAN V S. Parameter estimation of Lindley step stress model with independent competing risk under type- I censoring[J]. Communication in Statistics–Theory and Methods, 2019, 49(12): 3026–3043.

[86] LIU X, QIU W S. Modeling and planning of step–stress accelerated life tests with independent competing risks[J]. IEEE Transactions on Reliability, 2011, 60(4): 712– 720.

[87] ABU–ZINADAH H H, SAYED–AHMED N. Competing Risks Model with Partially Step–Stress Accelerate Life Tests in Analysis Lifetime Chen Data under Type- II Censoring Scheme[J]. Open Physics, 2019, 17(1): 192–199.

[88] ALJOHANI H M, ALFAR N M. Estimations with step–stress partially accelerated life tests for competing risks Burr X II lifetime model under type- II censored data[J]. Alexandria Engineering Journal, 2020, 59(3): 1171–1180.

[89] ALLEN W R. Inference from tests with continuously increasing stress[J]. Operations Research, 1959, 17: 303–312.

[90] YIN X K, SHENG B Z. Some Aspects of Accelerated Life Testing by Progressive Stress[J]. IEEE Transactions on Reliability, 1987, 36(1): 150–155.

[91] ABDEL H, AL H. Progressive stress accelerated life tests under finite mixture models[J]. Metrika: International Journal for Theoretical and Applied Statistics, 2007, 66(2): 213–231.

[92] WANG R H, FEI H L. Statistical inference of Weibull distribution for tampered failure rate model in progressive stress accelerated life testing[J]. Journal of Systems Science and Complexity, 2004, 17(2): 237–243.

[93] ZHANG X X, FEI H L. Statistical inference for multiplicate progressive stresses accelerated life testing under Weibull distribution[J]. Applied Mathematics a Journal of Chinese Universities, 2009, 24(2): 175–182.

[94] ZHU Y, ELSAYED E A. Design of Equivalent Accelerated Life Testing Plans under Different Stress Applications[J]. Quality Technology and Quantitative Management, 2011, 8(4): 463–478.

[95] ISMAIL A A. Statistical inference of Weibull Distribution under a Progressive Partially Accelerated Life Testing Model[J]. Journal of Testing and Evaluation, 2014, 42(2): 420–427.

[96] EI-DIN M M M, ABU-YOUSSEF S E, et al. Classical and Bayesian inference on progressive-stress accelerated life testing for the extension of exponential distribution under progressive type-II censoring[J]. Quality and Reliability Engineering International, 2017, 33(8): 2483–2496.

[97] MAHTO A K, DEY S K, TRIPATHI Y M. Statistical inference on progressive-stress accelerated life testing for the logistic exponential distribution under progressive type-II censoring[J]. 2019, 36(1): 112–124.

[98] WANG R H, GU B Q, XU X L. Statistical analysis of progressive stress accelerated life test for the product of two-parameter Laplace BS fatigue life distribution under inverse power law model[J]. Journal of Applied Analysis and Computation, 2020, 10(6): 2767–2786.

[99] TSIATIS A. A nonidentifiability aspect of the problem of competing risks[J]. Proceedings of National Academy of Sciences USA, 1975, 72(1): 20–22.

[100] ELANDT-JOHNSON R C. Conditional failure time distributions under competing risk theory with dependent failure times and proportional hazard rates[J]. Scandinavian Actuarial Journal, 1976, 1: 37-51.

[101] ESCARELA G, CARRIERE J F. Fitting competing risks with an assumed copula[J]. Statistical Methods in Medical Research, 2003, 12(4): 333-349.

[102] ZHENG M, KLEIN J P. Estimates of marginal survival for dependent competing risks based on an assumed copula[J]. Biometrika, 1995, 82(1): 127-138.

[103] NELSEN R B. An introduction to copulas[M]. New York: Springer Series in Statistics Spring, 2006.

[104] BREYMANN W, DIAS A, EMBRECHTS P. Dependence structures for multivariate high-frequency data in finance[J]. Quantitative Finance, 2003, 3(1): 1-14.

[105] PATTON A J. A review of copula models for economic time series[J]. International Journal of Numerical Analysis and Modeling, 2012, 110: 4-18.

[106] ERYILMAZ S. Estimation incoherent reliability systems through copulas[J]. Reliability Engineering System Safety, 2011, 96(5): 564-568.

[107] CROTHE O, HOFER M. Construction and sampling of Archimedean and nested Archime-dean Levy copulas[J]. Journal of Multivariate Analysis 2015, 138: 182-198.

[108] YANG Z, LI X, LOU W, et al. Reliability assessment of the spindle systems with a competing risk model[J]. Journal of Risk and Reliability, 2019, 233(2): 226-234.

[109] WU M, SHI Y M, ZHANG C. Statistical analysis of dependent competing risks model in accelerated life testing under progressively hybrid censoring using copula function[J]. Communications in Statistics-Simulation and Computation, 2017, 46(5): 4004-4017.

[110] WU M, SHI Y M. Bayes estimation and expected termination time for the competing risks model from Gompertz distribution under progressively hybrid censoring with binomial removals[J]. Journal of Computational and Applied Mathematics, 2016, 5(1): 420-431.

[111] 徐安察, 汤银才. 基于 Copulas 加速寿命试验中竞争失效模型的统计分析[J]. 应用概率统计, 2012, 28(1): 51-62.

[112] ZHANG X P, SHANG J Z, CHEN X, et al. Statistical inference of accelerated life testing with dependent competing failures based on copula theory[J]. IEEE

Transactions Reliability, 2014, 63(3): 764-780.

[113] 王燕, 师义民. 加速寿命试验下相依竞争失效模型的统计分析[J]. 统计与决策, 2020, 16: 184-188.

[114] ZHANG C, PAN L F, WANG S P, et al. An accelerated life test model for solid lubricated bearing used in space based on time-vary dependence analysis of different failure modes[J]. Acta Astronautica, 2018, 152: 352-359.

[115] BAI X, SHI Y M, LIU Y M, et al. Statistical analysis of dependent competing risks model in constant stress accelerated life testing with progressive censoring based on copula function[J]. Statistical Theory and Related Fieilds, 2018, 2(1): 48-57.

[116] ZHANG C F, SHI Y M, BAI X C, et al. Inference for constant-stress accelerated life tests with dependent competing risks from bivariate Birnbaum-Saunders distribution based on adaptive progressively hybrid censoring[J]. IEEE Transactions on Reliability, 2017, 66(1): 111-122.

[117] BAI X C, SHI Y M, LIU Y M, et al. Statistical inference for constant-stress accelerated life tests with dependent competing risks model from Marshall-Olkin bivariate exponential distribution[J]. Quality and Reliability Engineering International, 2020, 36(2): 511-528.

[118] LIU F, SHI Y M. Inference for a simple step-stress model with progressively censored competing risks data from Weibull distribution[J]. Communications in Statistics-Theory and Methods, 2017, 46(14): 7238-7255.

[119] ZHOU Y C, LU Z Z, SHI Y, et al. The copula-based method for statistical analysis of step-stress accelerated life with dependent competing failure modes[J]. Proceedings of the Institution of Mechanical Engineers Part O Journal of Risk and Reliability, 2018, 233(1): 401-418.

[120] BAI X C, SHI Y M, NG H K T. Statistical inference of Type-I progressively censored step-stress accelerated life test with dependent competing risks[J]. Communication in Statistics-Theory Methods, 2020, 10(51): 3077-3103.

[121] CAI J, SHI Y M, LIU B. Bayesian analysis for dependent competing risks model with masked causes of failure in step-stress accelerated life test under progressive hybrid censoring[J]. Communication in Statistics-simulation and computation, 2019, 49(9): 2302-2320.

[122] GHALY A A A, ALY A H, SALAH R N. Applying the copula approach on step

stress accelerated life test under type-II censoring[J]. Communications in statistics-simulation and computation，2020，49（1）：159–177.

[123] NELSON W B. Accelerated Testing–Statistical Models，Test Plans and Data Analysis[M]. New York：Wiley，1990 .

[124] HERD R G. Estimation of the parameters of a population from a multi–censored sample[J]. PhD Thesis，Iowa State College. Ames Iowa，1956.

[125] NELSEN R B. An introduction to copulas[M]. New York：Springer–Verlag New York，1999.

[126] NELSEN R B. An introduction to copulas[M]. New York：Springer，2006.

[127] EFRON B. The Jack knife the bootstrap and other re–sampling plans[M]. Philadelphia，Pennsylvania：SIAM，1982.

[128] BAYES T. An essay towards solving a problem in the doctrine of chance[J]. Reprinted in Biometrika，1958，45（2）：293–315.

[129] LINDLEY D V，SMITH A F M. Bayes estimation for the linear model[J]. Journal of the Royal Statistical Society Series B–Statistical Methodological，1972，34：1–41.

[130] HAN M. The structure of hierarchical prior distribution and its applications[J]. Chinese Operations Research and Management Science，1997，63：31–40.

[131] EFRON B. The Jackknife，the bootstrap and other re–sampling plans[M]. Philadelphia，Pennsylvania：SIAM，1982.

[132] NELSON W B. Accelerated Testing：Statistical Models，Test Plans，and Data Analysis[M]. Wiley：New York，1990.

[133] KLEIN J P，BASU A P. Weibull accelerated life test when there are competing causes of failure[J]. Communication in Statistics–Theory Methods，1981，10（20）：2073–2100.

[134] HAN M. The structure of hierarchical prior distribution and its applications[J]. Chinese Operations Research and Management Science，1997，63：31–40.

[135] BERGER J O. Statistical decision theory and Bayesian analysis[M]. New York：Springer Verlag，1985.

[136] CHEN M H，SHAO Q M. Monte Carlo estimation of Bayesian credible and HPD intervals[J]. Journal of Computational and Graphical Statistics，1999，8（1）：69–92.

[137] HAN D，KUNDU D. Inference for a step–stress model with competing risks for failure from the generalized exponential distribution under Type-I censoring[J]. IEEE Transactions on Reliability，2015，64（1）：31–43.